主办　中国建设监理协会

中国建设监理与咨询

中国建筑工业出版社

图书在版编目（CIP）数据

中国建设监理与咨询.24/ 中国建设监理协会主办.—北京：中国建筑工业出版社，2018.11
ISBN 978-7-112-22975-8

Ⅰ.①中… Ⅱ.①中… Ⅲ.①建筑工程—监理工作—研究—中国
Ⅳ.①TU712.2

中国版本图书馆CIP数据核字（2018）第256261号

责任编辑：费海玲 焦 阳
责任校对：焦 乐

中国建设监理与咨询 24

主办 中国建设监理协会

*

中国建筑工业出版社出版、发行（北京海淀三里河路9号）
各地新华书店、建筑书店经销
北京雅盈中佳图文设计公司制版
北京缤索印刷有限公司印刷

*

开本：880×1230毫米 1/16 印张：$7^1/_2$ 插页：1 字数：300千字
2018年10月第一版 2018年10月第一次印刷
定价：**35.00**元
ISBN 978-7-112-22975-8
（33061）

编辑部

地址：北京海淀区西四环北路 158 号
慧科大厦东区 10B

邮编：100142

电话：（010）68346832

传真：（010）68346832

E-mail：zgjsjlxh@163.com

中国建设监理与咨询

目录 CONTENTS

行业动态

政策法规消息

本期焦点：聚焦监理 30 年

监理论坛

《建设工程监理工作标准体系研究》课题验收会在北京召开

2018 年 8 月 21 日，中国建设监理协会在北京组织召开了《建设工程监理工作标准体系研究》课题验收会。参与课题研究的 7 位成员到会，邀请了由行业专家、企业管理者组成的 6 位验收组成员参会。会议由中国建设监理协会会长王早生主持，专家委员会常务副主任修璐同志担任验收组组长。

会议首先由刘伊生教授代表课题组报告了课题研究有关情况。该课题在系统分析工程监理工作和现状基础上，结合工程监理实际需求，考虑不同维度设计了工程监理工作标准框架体系，并提出了系列标准；针对主要专业工程和监理工作内容，明确了监理工作标准应包含的内容，并结合当前标准化改革发展形势，提出了工程监理工作标准化实施建议。

修璐同志介绍了课题研究设立的背景及课题特点。强调该课题属行业标准体系，重在体系，而非标准；是战略思考，而非战术，解决的是未来问题。从策划、制定，历时会较长。特点有：（1）战略性课题有前瞻性。（2）课题非实体性课题，属程序性，看的是整个程序、框架。（3）属纲领性课题，纲举目张。本课题可谓是监理行业标准里程碑式的成果。

验收专家组听取了课题组的汇报，审阅了课题相关资料，并逐一提出了质询。总体评价：课题研究水平高、有意义，站在行业未来发展的战略性基础上首次提出了标准体系顶层设计框架，很有创造性；研究成果填补了工程监理工作标准体系的研究空白，对于推进工程监理工作标准化具有重要的意义和实用价值。

王早生会长作了总结发言：高度评价了该课题设计不同维度的体系构建，涵盖了监理工作全部内容。顶层设计的搭建，为今后编制类似标准的模块提出了要求。现有地方已经成熟的团体标准也可以直接拿来推广。希望今后对其他研究标准的部门敞开大门，用开放的思路共同作好标准体系研究。

最后，验收组专家一致认为，该课题研究报告结构合理，层次清晰，内容系统完整，课题组完成了合同规定的研究任务，验收专家组一致同意通过课题验收。

中国建设监理协会石油天然气分会四届一次理事会（扩大）会议在京召开

2018 年 8 月 29 日，中国建设监理协会石油天然气分会四届一次理事会（扩大）会议在北京时腾商务酒店顺利召开，中国建设监理协会副会长兼秘书长王学军、副秘书长温健，分会常务副会长周树彤、理事会成员、单位会员代表，以及中油工程项目管理公司项目管理部经理何自华，浙江江南工程管理股份有限公司董事长李建军，中国石油管道学院的领导出席会议。会议由分会副会长张惠兵主持。

首先，分会副会长兼秘书长刘玉梅作了“分会四届一次理事会工作报告”“分会关于发展单位会员的报告”及“分会关于变更会长、副会长、理事的报告”。工作报告全面总结了分会四届理事会换届以来各项工作的落实完成情况，通报了分会财务收支状况，并对分会下一步重点工作进行了详细安排。中国建设监理协会副秘书长温健宣读“关于中国建设监理协会石油天然气分会会长人选推荐建议的请示”的批复。理事会成员对相关报告进行审议并全票通过；对会长提名人选，副会长、理事变更人选进行投票，周树彤当选四届理事会会长，吴志华、郭忠万、陈贤伟当选分会四届理事会副会长，刘松涛当选分会四届理事会理事，更新完善了分会四届理事会组织机构。

然后，中国石油管道学院培训部主任王洪涛作了“石油工程建设监理岗位培训考试情况的报告”。中油工程项目管理公司项目管理部何自华经理对“中国石油天然气集团有限公司工程建设监理业务管理规定”进行了宣贯。浙江江南南工程管理股份有公司董事长李建军、吉林梦溪工程管理有限公司副总工程师李荔华、寰球工程项目管理（北京）有限公司副总经理王建伟、北京兴油工程项目管理有限公司总经理助理梁峰分别进行了全过程工程咨询与项目管理的经验交流，他们的实践经验为行业的转型升级创新发展提供了良好的借鉴。

分会新任会长周树彤充分肯定了分会四届理事会前一阶段的各项工作，作了“坚定信心，履职尽责，坚决扭转石油天然气行业监理形象”的讲话。强调，各单位必须加强企业管理，建立有效的考核管理办法，提升信息化管理水平，以不符合项目管理为抓手，督促从业人员严格履职尽责，提高综合素质，通过创新发展和服务变革，实现业务转型升级。

最后，中国建设监理协会副会长兼秘书长王学军作了重要讲话，王会长对分会的工作给予了高度认可，分析了监理工作面临的形势和存在的问题，对新时期的监理工作提出了明确要求，指明了努力方向。王会长希望分会在新的领导集体带领下，加强政治学习，坚持创新发展，更好地弘扬行业正气，规范会员行为，结合行业特点促进监理和项目管理工作向有形化、可量化、有价值、可感知方向健康发展。

宁波市监理与招投标协会召开建设监理行业自律工作会议

为进一步加强建设监理行业自律，促进全市监理行业健康发展，2018 年 8 月 22 日，宁波市监理与招投标协会在浙江工正工程管理有限公司会议室召开了建设监理行业自律工作会议。协会会员单位相关负责人和专家代表共 50 余人参加了会议。

会议总结了近年宁波协会开展行业自律的工作情况和各会员单位开展自查自纠活动的情况，分析了协会组织的行业自律检查中发现的主要问题，学习了《危险性较大的分部分项工程安全管理规定》和其他新出台的建设监理相关文件和标准，听取了大家对《施工现场监理工作检查评定表》的修改意见和进一步加强全市建设监理行业自律的建议。

会议要求各监理企业牢记监理使命，强化责任担当，遵守诚信守则，拒绝恶性竞争，为保障工程质量安全发挥监理应有的作用。

（包冲祥　提供）

广东省建设监理协会举办“质量月”专题讲座

2018 年 9 月 6 日，广东省建设监理协会与江门市建筑业协会联合主办主题为“加强市场监督，建设质量强国”的质量月专题讲座。全省各地市监理企业的生产和技术负责人、总监理工程师等 200 多人参加活动。江门市建设工程管理科胡伟岸科长、江门市建设工程质量监督站黄怀信站长等相关领导出席，会议由江门市建筑业协会高永国秘书长主持。

会上，江门市住建局技术管理科胡伟岸科长作了讲话，通报了过去一年江门地区的工程项目质量情况。强调质量是工程建设的基石，是建筑业发展的生命线。对狠抓工程质量这项工作，住建部高度重视，在“工程质量治理两年行动”的基础上，去年住建部又提出开展建设工程质量安全提升三年行动，继续巩固和扩大两年行动成果。工程建设从业人员应当深化对质量通病治理的认识，主动适应新形势要求，开展质量问题专项整治和区域集中整治。

本次专题讲座邀请了广东省建设监理协会师资专家、教授级高工曹金文作为主讲人。曹金文教授从市政工程道路、桥梁、隧道等建设实践中，归纳出由于施工管理和技术措施问题产生的主要质量通病。对每种质量通病，针对原因分析，提出事前预防或事后治理的对策。深化对质量通病治理的认识，主动适应新形势要求，并指出要开展质量问题专项整治和区域集中整治。

通过这次讲座，增长了工程监理人员专业知识，明确了监管重点，对进一步提高监理人员质量安全意识、提升工程质量管理水平，再上新台阶起到了积极的推动作用。

天津市建设监理协会召开 2018 年度第三季度联络员工作会

2018 年 9 月 26 日下午，天津市建设监理协会 2018 年度第三季度联络员工作会在天津鑫茂酒店召开。协会百余家会员企业联络员共计 100 余人出席此次会议。会议由天津市建设监理协会秘书处发展部张帅主任主持。

会议第一项议程，协会办公室段琳主任说明“纪念工程监理制度建立 30 周年活动”工作安排。

为纪念工程监理制度 30 周年，回顾总结天津市监理行业 30 年的发展历程和辉煌成就，天津市建设监理协会参加并在会员企业中开展了一系列的纪念活动，包括中监协工程监理行业创新发展 30 周年纪念活动、9 城市庆祝工程监理制度 30 周年的主题交流活动、纪念工程监理制度 30 周年的征文活动、回顾 30 年历程，展望未来发展论坛交流活动等，展示了监理人员风采、激发了行业的改革创新、弘扬了行业的正气、促进了行业的持续健康发展。随后，协会发展部张帅主任对监理从业人员培训工作的安排及注意事项进行了说明。

会议第三项议程，协会办公室段琳主任介绍 2018 年度监理企业、监理人员诚信评价工作及先进监理企业、优秀总监理工程师、优秀专业监理工程师的评选工作。

最后一项议程，马明秘书长讲话。讲话对本次联络员会议的主要内容进行了总结，并指出在理事会领导下，经过努力，会员企业比较关注的专业监理工程师、企业自主培训、注销天津市建设监理培训中心相关工作等问题逐步打开了局面，取得了进展。日后协会也会配合会员企业认真地将工作做好，代表企业、行业，积极发挥行业协会的作用，作好会员企业与上级主管部门之间桥梁和纽带。

河南省建设监理协会成功举办第二届运动会

2018 年 8 月 25 日至 30 日，河南省建设监理行业第二届运动会胜利闭幕，河南建设监理以运动会的成功举办为契机，振奋全省广大监理从业人员的精神，凝聚行业的智慧，为河南建设监理行业转型发展和跨越赶超，提振精气神、增添新动力。

运动会设男子篮球和田径两个大项，男子篮球、男子 400 米短跑、女子 400 米短跑、男子 4×100 米接力、女子 4×100 米接力以及男女混合 4×100 米接力 6 个小项，39 家河南工程监理企业的 700 余名运动员参加到比赛当中，奉献了一场场精彩的比赛，诠释着和谐友谊、交流合作、团结奋进的运动会精神，也见证了河南工程监理企业和从业人员，不畏强手、敢闯敢拼，为了集体荣誉，追逐光荣与梦想的一幕幕令人感动的场景。

河南省建设监理协会常务副会长兼秘书长孙惠民在开幕词中指出，今年适逢中国工程监理制度实施 30 周年。30 年风雨征程，工程监理行业对促进我国经济和社会发展，保证工程质量安全、控制造价和工期，提高工程建设管理水平发挥了重要作用，也取得显著的经济和社会效益。30 年光辉岁月，我们同工程监理行业一起成长，参与行业的建设与发展，从这段历史里，我们所能做的是从历史充满变数的发展中，寻找我们必须遵循的规律；从时代充满挑战的拷问中，坚定我们始终不渝的选择——把工程监理制度维护好、坚持好、发展好。

值行业发展 30 年的历史节点，河南监理以这样的方式，纪念工程监理制度实施 30 周年。位卑未敢忘忧国，根植在中原黄河文明的深厚积淀之中，河南监理秉承先辈筚路蓝缕的拓荒精神，以深切的忧患意识和责任意识，始终勇敢直面并努力解决行业发展中的矛盾和问题，使河南监理行业的航船劈波斩浪，一路向前。

（耿春　提供）

青海省建设监理企业公文写作培训圆满完成

为进一步提高各企业日常公文写作水平，促进公文写作与处理工作的规范化，提升监理行业形象，青海省建设监理协会于 2018 年 8 月 16 日举办了青海省建设监理企业公文写作培训。

本次培训邀请省教育厅教研室教研员、高级教师、青海省优秀专家哈薇老师主讲，内容分为两个模块：一是基础知识，主要包括信息（简报）写作的基本知识，公文的规范格式和处理办法；二是常用文种讲授，重点讲授目前工作中最需要的文种，包括请示、通知、通报、函件、会议纪要、领导讲话、调研报告、经验材料、工作计划、总结等，同时讲授常用的其他文种。

协会会长妥福海、副会长何小燕、秦世辉出席了开班典礼。会长妥福海作了讲话。他讲道，此次培训是为了提高企业公文写作水平，补企业日常管理中培训工作的短板，发挥协会作用，给会员单位福利。希望通过此次培训对各会员单位有所帮助，协会将在今后继续举办类似的培训，希望大家积极参加。

来自全省内外 78 家监理企业的 110 名办公室工作人员参加了此次培训，取得了较好的效果。

首期“上海市建设工程项目管理高级培训班”开班

由上海市建设工程咨询行业协会和上海市建智建设工程咨询人才培训中心联合举办的“上海市建设工程项目管理高级培训班”于2018年9月8日上午顺利开班。上海市建设工程咨询行业协会秘书长徐逢治、副会长兼项目管理委员会主任委员郑刚、副主任委员乐云、副主任委员张建忠等出席了开班仪式。

此次培训班作为首次开设的项目管理高级培训班，所用教材是协会自主编制而成的。协会下属项目管理委员会集全行业之力，自去年底起，组织项目管理专委会领导、业内项目管理龙头企业、行业领军专家等，经反复讨论及8个多月的编制，完成了对本协会2013年版项目管理大纲与指南的编制，并计划于年内正式出版，作为行业第一部团体标准推行。

与此同时，本次培训邀请了来自知名高校，以及本市建设工程咨询行业的权威专家授课，系统介绍项目管理在建设工程各阶段的服务内容、新形势变化下形成的新型服务模式和独具特色的服务方法，使学员掌握国际上较为先进的项目管理理论，了解国内成熟的项目管理服务标准和实践成果，希冀培养一批代表行业较高水平、具有国际竞争力的专业领军人才。

在培训首日，徐逢治秘书长在开班仪式上作了动员讲话，强调了行业对高端人才的重视，简要介绍了培训安排和课程内容，并寄语了殷切希望。协会项目管理委员会主任委员郑刚、同济大学乐云教授、协会专家委员会副主任委员韩光耀、科瑞真诚秦光副总经理分别授课，通过专业的理论阐述和实际的案例解析，全面讲解了项目前期及策划、规划及设计、施工前准备以及施工阶段的项目管理通用服务，学员纷纷表示受益匪浅。

后续的培训课程将通过集体授课、案例讨论、分组互动、现场观摩、同行交流等形式，进一步讲授项目管理通用服务和专项服务内容，为学员夯实基础、拓宽视野、启迪思维，全面提升项目管理业务能力，为行业输送精英人才助力。

山东省建设监理行业创新发展30周年纪念大会在济南召开

2018年9月26日，由山东省建设监理协会组织的建设监理行业创新发展30周年山东省纪念大会在济南隆重召开。中国建设监理协会王早生会长、吴江副秘书长应邀出席大会。省监理协会理事长徐友全、副理事长兼秘书长陈文、副理事长林峰、范鹏程、付培锦、许继文、赵于平等出席大会。大会由陈文秘书长主持，来自全省各市建设监理协会负责人、各会员企业代表300余人参加大会。

首先，王早生会长代表中国建设监理协会对本次大会的召开表示热烈祝贺，对山东省建设监理行业30年来取得的成绩给予充分肯定，向全省六万多名工程监理人致以崇高的敬意，向14名获得建设监理行业发展30周年“山东省工程监理功勋人士”和100名“山东省金牌总监理工程师”表示由衷的祝贺。王早生会长从完善体系、夯实基础、提升能力、规范行为、抓住机遇等五个方面对监理行业未来发展提出殷切期望。

陈文秘书长通报了山东省建设监理协会开展建设监理行业创新发展 30 周年系列活动情况。大会向叶春英等 14 名被授予“山东省工程监理功勋人士”称号的同志颁发了奖杯和荣誉证书；向齐水军等 100 名被授予“山东省金牌总监理工程师”称号的代表颁发了奖牌和荣誉证书。

“功勋人士”获奖代表叶春英老领导作了大会发言，她深情回顾了山东省监理行业从无到有、从小到大的发展历程，对新时代的山东工程监理人表达了美好祝愿。“金牌总监理工程师”的优秀代表李铁山同志在发言中表示将继承传统、不忘初心、砥砺前行、再立新功。

总结过去是为了更好地拥抱未来。本次纪念大会的胜利召开必将进一步激发全省“工程卫士”立足本职、干事创业的热情，在新时代、新征程中创造新辉煌。

（山东省建设监理协会秘书处　提供）

中国铁道工程建设协会建设监理专业委员会 2018 年第二次监理培训工作会议召开

中国铁道工程建设协会建设监理专业委员会 2018 年第二次监理培训工作会议于 2018 年 8 月 7 日在北京天佑大厦举行。会议内容主要是总结上半年监理委员会和各培训单位监理培训工作和下半年工作安排，为提高教学质量献计献策。中国铁道工程建设协会副秘书长兼监理委员会主任麻京生出席会议并讲话，各培训单位主管培训负责人和培训部主任参会。

会议首先由西南交大科技学院、铁科院继续教育培训中心、长沙中大土木工程学院培训部和监理委员会培训部对 2018 年上半年的监理培训工作进行了总结，大家一致认为上半年的监理培训工作，落实了年初第一次监理培训工作纪要所提出的要点工作，重点在于提高教学质量。上半年监理培训工作特点是“四个重视”：即重视培训质量和考试成绩；重视督查设备的作用；重视证件的真伪审核；重视教学管理环节。

会议对《铁路建设监理人员业务培训工作有关规定》（征求意见稿）和《铁路监理工程师继续教育培训工作有关规定》（征求意见稿）提出意见建议；会议对下半年工作进行了布置。为保证培训教学质量，提高教学水平，拟对三个培训点的工作进行检查，对监理人员培训的题库、课件进行增改，对教师开展相互观摩学习座谈。

会议听取了监理委员会对 2018 年第一次总监理工程师业务培训结果的初审意见，经过认真讨论审核，通过了终审名单。

麻秘书长在讲话中认为会议达到了预期目的，他提出五点要求：一是监理培训工作要紧紧围绕铁路建设发展需要；二是在审核培训人员上注重质量；三是切实作好行业发展宣传；四是通过交流经验提高培训人员素质；五是不断提高培训和教学质量，在题库、课件增改上下功夫。

2018年9月开始实施的工程建设标准

序号	标准编号	标准名称	发布日期	实施日期
国标				
1	GB/T 51277-2018	矿山立井冻结法施工及质量验收标准	2018/1/16	2018/9/1
2	GB 50385-2018	矿山井架设计标准	2018/1/16	2018/9/1
3	GB/T 51265-2018	有线电视网络工程施工与验收标准	2018/1/16	2018/9/1
4	GB 50471-2018	煤矿瓦斯抽采工程设计标准	2018/1/16	2018/9/1
5	GB/T 50200-2018	有线电视网络工程设计标准	2018/1/16	2018/9/1
6	GB/T 51272-2018	煤炭工业智能化矿井设计标准	2018/1/16	2018/9/1
7	GB/T 51273-2018	石油化工钢制设备抗震鉴定标准	2018/1/16	2018/9/1
8	GB/T 50761-2018	石油化工钢制设备抗震设计标准	2018/1/16	2018/9/1
9	GB/T 51279-2018	公众移动通信高速铁路覆盖工程技术标准	2018/1/16	2018/9/1
10	GB/T 51281-2018	同步数字体系（SDH）光纤传输系统工程验收标准	2018/1/16	2018/9/1
11	GB/T 51278-2018	数字蜂窝移动通信网LTE工程技术标准	2018/1/16	2018/9/1
12	GB/T 51280-2018	工程泥沙设计标准	2018/1/16	2018/9/1
13	GB 51284-2018	烟气脱硫工艺设计标准	2018/1/16	2018/9/1
14	GB 50210-2018	建筑装饰装修工程质量验收标准	2018/1/16	2018/9/1
15	GB/T 51285-2018	建筑合同能源管理节能效果评价标准	2018/1/16	2018/9/1
16	GB/T 50466-2018	煤炭工业供暖通风与空气调节设计标准	2018/1/16	2018/9/1
17	GB 50488-2018	腈纶工厂设计标准	2018/1/16	2018/9/1
18	GB 51286-2018	城市道路工程技术规范	2018/1/16	2018/9/1
19	GB/T 50355-2018	住宅建筑室内振动限值及其测量方法标准	2018/1/16	2018/9/1
20	GB/T 50636-2018	城市轨道交通综合监控系统工程技术标准	2018/1/16	2018/9/1
21	GB 50217-2018	电力工程电缆设计标准	2018/1/16	2018/9/1

（冷一楠　收集）

本期焦点

聚焦监理30年

编者按：

今年是改革开放40周年，也是我国工程监理制度实施30周年。在党中央、国务院的关心、支持和领导下，工程监理制度的建立和实施，在工程建设中发挥了不可替代的重要作用，在我国经济高速发展、推进城镇化以及大量基础设施和工程建设中，为保证建设项目的工程质量、安全生产以及人民生命和国家财产安全，为人们安居乐业和社会稳定作出了积极贡献。

历经30年创新与发展，我国监理制度从无到有，发展壮大，初步形成了具有中国特色的工程管理制度。

为鼓舞行业士气、树立行业形象、展示行业风采，全面回顾总结工程监理行业发展历程和成就，推动工程监理行业转型升级、创新发展，全国各地都组织开展了形式多样的庆祝活动。广大监理从业者也纷纷撰写文章或是诗歌来庆祝监理制度实施30周年，本期编辑刊登了部分行业专家对于监理行业30年来的回顾与展望，希望广大监理从业者能以更加饱满的热情，投入到监理行业转型升级创新发展的工作中去，共同谱写工程监理事业发展的新篇章。

建设工程监理事业改革发展与展望

王早生
中国建设监理协会会长

——转自《建筑》2018 年第 19 期

今年是中国改革开放 40 周年，同时也是我国建设工程监理制度实施 30 周年。作为改革开放的重要成果，建设监理制度在 30 年的实践中，为保证建设工程质量、强化安全生产管理、提高投资效益作出了积极贡献。全国一百万监理人在工程建设中发挥了不可替代的重要作用，功不可没。工程监理制度发展“而立”之年，我们有必要追根溯源，回顾总结工程监理制度发展历程。更有必要直面问题，深化改革，砥砺前行，促进新时代工程监理事业持续健康发展，为实现中国梦作出监理人的贡献。

一、追根溯源，探寻工程监理制度发展历程

（一）改革开放不断深化，工程监理制度应运而生

40 年前党的十一届三中全会，拉开了中国改革开放的大幕，为经济社会注入了强劲动力。随着改革开放的不断深化，市场经济体制的逐步建立，投资主体多元化，建筑市场国际化，倒逼我们改变计划经济自筹、自建、自管的传统管理模式，促使建设工程管理向社会化、市场化、专业化方向发展。在改革开放的形势下，借鉴国际规则并结合中国国情建立的工程监理制度，成为我国改革工程建设管理模式、融入国际工程咨询行业的必由之路。

1987 年建设的京津塘高速公路工程按照世界银行要求，在我国首次采用了（咨询）工程师管理模式，成功地控制了工程质量、建设投资和工期，使（咨询）工程师管理模式逐步为我国工程建设领域所了解和认同。（咨询）工程师管理模式在京津塘高速公路工程中的成功实践孕育了工程监理制度的诞生。

1988 年，建设部发布《关于开展建设监理工作的通知》，提出要建立具有中国特色的建设监理制度，这标志着我国工程监理制度的正式建立。

（二）工程监理制度强制推行，法律地位得到确立

1988 年，建设部印发《关于开展建设监理试点工作的若干意见》，决定在北京、上海、南京等八市和公路与水电行业试点推行工程监理制度。1989 年发布的《建设监理试行规定》明确，建设监理包括政府监理和社会监理两个层面，后者即为当今工程监理的基本要求。1995 年，建设部与国家计委发布的《工程建设监理规定》进一步明确了工程监理服务内容：“控制工程建设的投资、建设工期和工程质量；进行工程建设合同、信息管理，协调有关单位间的工作关系。”

1998 年 3 月 1 日开始施行的《中华人民共和国建筑法》明确规定，国家推行工程监理制度，工程监理制度的法律地位从此确立。

国务院于 2000 年和 2003 年先后颁布的《建设工程质量管理条例》和《建设工程安全生产管理条例》，明确了强制实施监理的工程范围，规定了工程监理单位及监理工程师在工程质量和安全生产管理方面的责任，进一步夯实了工程监理制度的法

律地位。

为了深化我国工程项目组织实施方式的改革，培育发展专业化的工程项目管理和工程总承包企业，建设部先后印发《关于培育发展工程总承包和工程项目管理企业的指导意见》（建市〔2003〕30号）、《建设工程项目管理试行办法》（建市〔2004〕200号）、《关于大型工程监理单位创建工程项目管理企业的指导意见》（建市〔2008〕226号）等文件，有力地指导和推动了我国工程监理行业的改革发展。

面对建设工程监理发展中遇到的新问题和市场的新需求，工程监理企业开始拓展服务领域，从纵向和横向延伸业务范围，不断提高工程项目综合管理咨询服务水平。

（三）工程建设高质量发展，需要进一步发挥工程监理作用

2016年，中共中央国务院《关于进一步加强城市规划建设管理工作的若干意见》指出："强化政府对工程建设全过程的质量监管，特别是强化对工程监理的监管。"2017年，《国务院办公厅关于促进建筑业持续健康发展的意见》《住房城乡建设部关于促进工程监理行业转型升级创新发展的意见》等文件，鼓励投资咨询、勘察、设计、监理、招标代理、造价等企业采取联合经营、并购重组等方式发展全过程工程咨询，培育一批具有国际水平的全过程工程咨询企业，昭示着国家对工程监理的重视，给监理行业发展注入了新活力、带来了新机遇。

工程建设向高质量发展，创新是动力，质量是基础，工程监理是工程建设高质量发展的有力保障。近几年，住房城乡建设部接连发文，开展监理单位向政府主管部门报告工作的试点，充分发挥监理单位在质量控制中的作用。鼓励有条件的监理单位开展全过程工程咨询试点。要求监理单位对危险性较大的分部分项工程施工实施专项巡视检查。表明政府主管部门对工程监理的期望和信任，对工程监理在质量控制中作用的肯定以及对行业创新发展的支持。

二、努力探索解决影响工程监理行业健康发展的问题

工程监理行业在新时代面临新的发展环境。我国城镇化仍处于快速发展阶段，国家实施区域协调发展战略，提出京津冀协同发展，长江经济带、粤港澳大湾区等区域发展战略，推动形成了全面联动的区域发展新格局。以"一带一路"建设为契机，形成陆海内外联动、东西双向互济的开放格局。铁路、公路、水利、能源等基础设施建设，建筑信息建模（BIM）、大数据、物联网等现代信息技术的集成应用，均为工程监理行业发展带来新机遇。但在发展机遇面前，工程监理行业同时面临以下问题、困难和挑战：

（一）某些项目监理履职不到位，甚至"形同虚设"

某些项目上的监理人员未到岗，未履职尽责，监理形同虚设。我们要正视这些问题，广大监理人要积极履职尽责，严格按照国家法律法规、标准和合同约定履行监理职责，直面质疑，重塑信任。否则，一粒老鼠屎坏一锅汤，影响极坏。有些监理企业抱怨是因为恶性竞争导致价格低，要维持成本只能成为橡皮图章。这是不负责任的行为。一旦出问题，不会因为监理价格低而降低对监理履职的要求。如果触犯法律，势必追责。

（二）社会上存在对监理缺乏信任导致的"监理无用论"

由于在某些项目中监理未能履职尽责，社会和业主不满意，有一种观点就认为监理无用，甚至可以取消。中央精神对于改革的要求是"先立后破，不立不破"。工程监理制度的改革与完善也是如此，不可能一蹴而就，更不能以偏概全，全盘否定。监理"形同虚设"的问题要解决，恶性竞争的行为要遏止。全国广大监理人要用自己的努力来重塑形象，赢得社会和业主的信任。"监理无用论"的观点无疑是片面的、错误的，甚至是有害的。在当前建筑市场、质量与安全生产形势依然严峻的情况下，监理工作只能加强，不能削弱。近年来，中央

多次发文要求落实工程监理制，提升建设工程质量水平，足见国家对监理的重视和期望。

（三）诚信缺失问题

诚信缺失是工程监理行业饱受诟病的一个老问题，而这个问题通常与行业的恶性竞争交织存在。一些企业为赢得项目，以低于成本的价格投标，中标后为节省开支又不按合同约定派遣相应的人员和配备设备，不能满足业主对监理服务的要求。一些不良监理企业和人员将不合格工程按合格签字以谋取非法利益，诸加此类不诚信行为也严重损害工程监理行业信誉，使得社会、业主对监理失去信心。不合理低价与劣质服务相伴而生，形成恶性循环，最终损害了国家、社会和业主的利益，也损坏了监理行业的声誉。

（四）企业核心竞争力不强，人员综合素质不高

监理的工作性质决定了监理队伍应由业务能力强、专业配套齐全、工作经验丰富的高素质人员组成。但不少监理人员的综合素质尚有差距，从业人员整体素质有待提高。技术水平高、管理经验丰富的复合型人才严重匮乏。有领导能力、具有高素质的总监理工程师更是人才难得。人员素质不高、技术装备不足、核心竞争力不强，这些都成为影响工程监理行业健康发展和转型升级的瓶颈。

（五）法规与标准有待完善

由于工程监理涉及的行业众多、专业性强，工程监理标准建设严重滞后于实际需要，缺乏专业性强、可操作的规定。社会各界对工程监理的定位和工程监理单位应承担的职责缺乏清晰的认识，尤其在事故责任的认定上出现争议。因此，法规与标准需要进一步完善、细化和明确。

三、迎接挑战，展望工程监理行业高质量发展之路

当前，我国仍然处于快速城镇化和大规模建设时期，同时，建设工程安全形势依然严峻，不容乐观，质量安全事故每年都造成相当数量的人员伤亡。因此，质量安全管理尤为重要。广大监理人要不忘初心，时刻把建设工程质量安全工作放在第一位，不辜负国家、社会和人民群众的期望。要坚持确保工程质量安全不动摇，充分认识质量安全是国家、社会和人民群众对监理的期待。同时，高质量发展必须保证投资高效益，监理企业作为全过程工程咨询的主力军，必将大有作为。

（一）创新工程管理机制，落实工程监理职责

监理单位应诚信守法，严格履行合同义务，行使法律法规、合同授予的权力，加强队伍建设，提高综合素质，建立健全工程质量和安全生产监督管理体系，提升监理工作水平。加强对现场项目监理机构的工作监督检查与指导，促使企业合理配备相应的监理人员，保证专业配套、人员到位，切实履行工程监理职责。为强化监理工程师个人执业资格管理，落实质量终身责任制，转移监理职业责任风险，应当建立注册监理工程师职业责任险制度，并在有关合同示范文本中增加注册监理工程师职业责任险条款。

（二）加快推进行业诚信体系建设，以优质服务赢得信任

人无信不立，企无信不兴。部分监理企业的不诚信行为严重损害了行业的社会声誉。破解这一顽疾的关键是以优质服务赢得社会信任。企业只有严格遵守国家规定和合同约定，认真履职，才能优质优价、良性循环，进而做强做大。

2011 年，上海市为解决工程建设中存在的安全生产责任制不落实、施工管理混乱和监管缺失等问题，加强各类建设工程的监督管理，保证工程质量安全，出台了《关于进一步规范本市建筑市场加强建设工程质量安全管理的若干意见》（沪府发〔2011〕1 号）文件，要求依法必须进行监理招标的建设工程，工程监理费按国家收费规定，以工程概算中建安工程费等为计费基数，按基准费率上浮 20% 计费，这对保障工程质量起到了重要作用。实践证明，社会各方不能只要求降低监理费用，监理企业也不能一味低价竞争，否则就会陷入恶性循环的泥淖，既影响自身利益，又损害业主利益。要加快市场主体信用信息平台建设，完善市场主体信

用信息记录，建立信用信息档案和交换共享机制；积极推动地方、行业信息系统建设及互联互通，构建市场主体信息公示系统，实行信息公开，及时向社会公布工程建设过程监管、执法处罚等信息。探索制定工程监理企业、监理人员信用管理办法，推进工程监理行业诚信体系建设，全面提高工程监理企业和监理人员的诚信意识，逐步建立“守信激励、失信惩戒”的建筑市场信用环境，提高工程监理行业的社会公信力。

（三）培养人才，打造学习型组织

企业是市场的主体。目前，监理企业普遍存在高端人才匮乏、创新动力不足等问题。我们应以问题为导向，通过引进和培养人才，不断加强学习，打造学习型组织，进一步提升监理企业的能力和素质。

监理企业要充分考虑人员结构的合理性，并为人才的良性发展提供一个较好的平台，有计划地引进人才，培养骨干队伍。监理企业还要不断加强培训，学习法律法规和国家政策，学习和研发科学技术，不断提升企业的核心竞争力。借鉴国外先进的管理理念，并在实践中逐步提升服务水平和能力。企业只有不断培养人才，强化学习，打造学习型组织，才能永葆企业活力，实现向人才要效益的目标。

（四）发展全过程工程咨询，激发行业创新发展动力

全过程工程咨询是国际通行的工程建设模式，是监理企业转型升级科学发展的方向。有条件的监理单位应在作好施工阶段监理的基础上，向上下游拓展服务领域，为业主提供覆盖工程项目建设全过程的项目管理服务以及包括前期咨询、招标代理、造价咨询、现场监督等多元化的“菜单式”工程咨询服务。企业还可通过兼并重组等方式提高企业整体能力和水平，淘汰落后企业，不断提升企业自身的核心竞争力。

（五）鼓励监理企业拓展政府监管部门购买现场监督检查等专项服务

监理工作的实质是监督管理，监理企业的优势也在于此。因此，监理企业应积极拓展监理业务范围，代表政府监管部门履行现场监督检查工作等专项服务，即接受政府监管部门委托对工程建设过程实施监督检查，加强监督检查力度，确保工程质量符合有关标准。

（六）完善法律法规和标准体系，推进工程监理法制化、标准化建设

针对工程监理行业面临的突出问题以及建筑业改革与发展要求，通过完善法规以及进一步细化工程监理标准等工作，推进工程监理的法制化、标准化建设，推进工程监理制度的改革与发展。对于地方保护、行业壁垒、恶意压价等问题，要建立科学、完善的监管制度，并通过制定标准化示范文本的方式，引导和规范招投标活动中各方的行为，构筑全国统一开放、竞争有序的工程监理市场。

标准体系建设是一项系统工程，需要逐步细化完善，要按行业、专业制定工程监理工作标准，从而细化工程监理相关工作，提高工程监理的服务水平和质量，促进工程监理工作的标准化、专业化。行业协会和企业是制定团体标准和企业标准的主体，要编制规划，确定计划，积极推进，奋起直追，不断完善标准体系，共同推进工程监理标准化建设。

我们要不忘初心，牢记使命，砥砺前行，为促进建设事业的健康发展不断努力！我们要不辜负国家、社会的期望，对国家负责、对社会负责、对人民负责，为实现中国梦作出工程监理人的新贡献！

40年的水电发展与水电监理

陈东平
中国建设监理协会水电建设监理分会

一、改革开放 40 年的水电改革与发展

改革开放以来，水电在全国建筑业领域率先探索和推动了由计划经济向市场经济的建设管理体制的改革。期间，水电伴随着改革的步伐取得了长足的发展，也经历了很多的坎坷与矛盾。

新中国成立以来，我国水电建设管理体制总体上经历了计划经济模式、计划向市场过渡模式和市场经济模式三部曲。

（一）计划经济时期（1979 年以前）

1979 年之前，我国电力管理体制的基本形态表现为：水电部 + 水电总局。水电部包括电力（电网与火电）、水利和水电等三大部分的政府与行业管理职能，其中水电部分的业务由直属的水电总局全权负责管理。

期间，我国水电建设的体制特征为：全国 15 大水电工程局按照国家计划并代表国家实行自营建设体制；同时，实行建管分离的管理模式，水电工程局负责建设电站，建成后移交电力局运行。水电工程局随着工程走，实行“大兵团作战模式”，一切按国家计划调遣和执行，国家对水电开发负无限责任。

（二）计划向市场过渡时期（1979~1997 年）

1978 年党的十一届三中全会确立了国家实施以经济建设为中心的发展方针，揭开了国家改革开放的序幕。我国水电伴随着国家改革开放步伐，逐步推进了建设管理体制由计划经济模式向市场经济模式的改革。主要经历了工程概算总承包责任制、项目业主责任制和项目法人责任制三个阶段的改革。

第一个阶段改革的代表性工程为东北的红石和太平湾水电站。20 世纪 80 年代初在水电部水电总局的领导下，工程实行概算总承包制度，以不突破工程概算为目标，强化企业内部管理，首次在水电施工领域打破“大锅饭”体制，有效控制了工程造价，在生产力层面显著提高了水电工程局的整体管理水平，也为后来的深化改革打下了好的基础。

第二个阶段改革的代表性工程为鲁布革水电站。随着我国经济体制改革的不断深化，国家开放利用外资市场，鲁布革水电站于 1982 年在全国建筑业率先引用世界银行贷款，工程建设按照世界银行采购导则的规定实行招标投标制，首次在水电建筑业内引入竞争机制，面向国际公开招标，开始打破长期以来的自营建设体制。1984 年，“鲁布革的冲击”全面揭开了水电建设体制在生产关系层面向市场化改革的序幕，水电建设的三项制度，业主责任制、建设监理制和招标承包制随之应运而生。此后，随着国家拨改贷政策的实行，以及随着当时代表国家全权行使水电建设行政管理职能的水电部水电总局职能的转变，我国水电建筑业从此迅速进入市场，水电建设管理体制开始发生了根本性的变化。

水电建设在计划向市场过渡期间，不断完善着市场发展机制，有效推动了水电事业的发展。这一时期改革的代表作是被誉为五朵金花的 5 座百万千瓦级的大型水电站（水口、岩滩、五强溪、隔河岩、漫湾）。这一阶段的体制特征为指定业主责任制，由水电站所属地区的省电力局作为项目业主单位，并组建项目建设管理局，具体负责水电站的建设与运行管理。在计划的自营“大锅饭”体制

基础上已经向市场化改革大大迈进了一步。

第三阶段的改革实际上是伴随着党的十四大以来建立社会主义市场经济体制的方针以及《公司法》的出台而展开的。对于水电建设来讲，就是对老项目实施公司化改制，对新项目按照《公司法》成立有限责任公司等规范化运作，推进现代企业制度建设，体制特征为项目法人责任制。这与第二阶段的业主责任制有着本质的区别，项目业主是出资方组成的董事会，换句话说，项目法人责任制是真正意义上的业主责任制。在这一阶段，清江、二滩、五凌、桂冠等公司率先进行公司化改造，之后所有水电项目全部按照《公司法》实施现代企业管理制度。新的机制保证了水电的健康发展，期间广蓄、二滩、三峡等相继建设。

水电建设管理体制通过以上三个阶段的改革，实现了由计划经济向市场经济的成功转轨。

随后，水电经历了1997年和2002年两次电力体制根本性改革，电力行业也全面进入了市场经济发展模式。

（三）1997年以政企分开为基本原则的改革

1997年以前，尽管我国电力管理的体制形式发生了多次变化，从1982年的电力部到水电部、1988年的能源部、1993年的电力部等，但这些都是电力管理体制的结构性调整，并非体制改革。真正意义上的第一次电力体制改革发生在1997年，以撤销电力部、电力政府职能划归国家经贸委、组建国家电力公司，行使中央电力资产的企业管理职能为标志，实现了电力政企职能分开的改革。

这次改革对于水电开发来说，客观上形成了中央水电投资主体，通过与地方电力建设投资主体联动，在发展机制上形成了中央和地方两个积极性。国家电力公司存续期间，充分调动和发挥办电各方积极性，成功推动和形成了以“五大一小”（龙滩、小湾、公伯峡、三板溪、洪家渡和杂谷脑）为代表工程的流域性水电开发格局，水电开发迈上了一个新台阶。可以肯定地说，1997年电力体制改革形成了水电发展的良性机制，有力推动了水电生产力的健康发展。

（四）2002年以网厂分开为基本原则的改革

2002年的电力体制改革是根本性的，以打破电力垄断为突破口，以网厂分开为原则，在我国第一次打破电力的行政体系，改革撤销了国家电力公司，组建了两大电网公司和五大电力公司，加上原有中央电力投资企业，形成了中央电力投资主体的多元化格局，宏观上对加快电力市场化进程具有积极的推动意义。

电力行业破除了独家办电的体制束缚，改革毫无悬念地推动了电力的高速发展，极大促进和提高了电力企业管理科学化水平，有效拉动了地方经济，满足了经济社会发展对电力的巨大需求。期间，水电装机历史性得快速增长，到2017年全国水电总装机已经达到3.4亿千瓦，较2002年的8600万千瓦，净增3倍。

二、水电建设监理制度建设与发展

（一）水电建设监理的体制变革

我国水电建设监理制度始建于1982年鲁布革水电建设的改革，鲁布革通过引入世界银行贷款建设，同时也引入了国际工程建设的市场化模式，我国水电建设开始改革原来计划经济条件下的自营管理模式，探索建立以业主责任制为核心的招标承包制和建设监理制，当时被誉为水电建设改革的三项制度。之后于1994年我国第一部《公司法》出台后的现代企业制度改制，进一步按照市场化原则规范了水电建设管理的三项制度，主要变化在业主责任制由指定（电力局）业主到投资方组建的董事会为业主的改革，招标承包制和建设监理制也进行了内容上的进一步规范。

1988年原水电部机构作出重大调整，成立水利部、能源部等，水力发电业务划归能源部管理，1991年以能源部水电开发司主导筹备成立了水电建设监理协会，1993年在民政部正式注册，成为中国建设监理协会的第一个分会，行业上隶属建设部建设监理协会，能源部对水电建设监理协会行使行政领导。

之后，电力又经历了 1993 年撤销能源部，成立电力部的机构调整和 1997 年撤销电力部，组建国家电力公司，实施以政企分开为原则的第一次电力体制改革。期间，水电建设监理在经历了初期的摸索，逐渐进入规范化的快速发展阶段，我国水电建设也逐步全面推行建设监理制度，有效推动了水电建设管理的规范化与科学化进程，系统性的提高了工程的合同管理与安全质量控制水平。同时，水电建设监理分会在建设部监理协会的行业领导下，积极开展各项活动，凝聚行业力量，有效促进和提升了水电建设监理总体管理水平，成为当时行业职能提升、规范化管理和反映企业发展诉求的重要行业平台。

2002 年以网厂分开为原则的第二次电力体制改革，以撤销电力行政主体，成立了两大电网公司和五大电力集团为标志，推动了电力的全面市场化进程。电力（火电与送变电、水电等）建设监理的管理也必然随着电力行政主体的撤销发生了根本性改变，由于火电与送变电的建设监理在之前主要是行政管理，因此受到很大影响，后来通过电力行业管理主体——中国电力企业联合会实行行业管理；而水电建设监理由于起始定位的行业归口是中国建设监理协会，因此水电监理协会组织机构上没有受到行政主体撤销的改革影响，在建设部、建设监理协会的领导下持续发挥水电监理行业协会的平台作用，为后续水电大发展的监理事业作出了重要贡献。

（二）水电建设监理的发展成果

1. 水电监理制度的建立与项目建设

国家正式形成监理制度之前，鲁布革是第一个引入建设监理实行项目管理的水电工程，水电监理是以菲迪克（FIDIC）条款中的工程师角色在工程建设管理实行合同约定的职责，多为建设单位吸纳国内大型水电设计院的技术力量组建。经过数个工程项目的管理实践，监理制度逐步形成，建筑法和其他法律法规以及相关行政管理政策发布，水电监理如雨后春笋，蓬勃发展，设计院、工程局、科研院校纷纷成立监理公司，高峰期水电监理企业超过百家。

40 年的实践和锤炼，水电监理逐步走向法制化、规范化，培养了一大批精通技术、法律、经济的工程技术管理人员，承担着国内外水电工程建设管理重任。（例如，华能集团副总樊启祥曾经任十三陵抽水蓄能电站监理工程师；三峡技术经济发展有限公司是马来西亚沫若电站总承包联营体的责任方，承担了建设项目管理职责，为马来西亚建设了一座优质电站，获得境外鲁班奖）。

2. 水电监理的主要工作内容

水电监理因世行贷款而生，执行菲迪克合同条件，电力部发布的施工、监理合同示范文本也是承袭了菲迪克合同条件的原则。因此，水电监理在水电工程建设中扮演着工程师的角色，不仅要执行“三控制、两管理、一协调”的任务，同时是建设单位的咨询工程师。

配合新能源开发需求，配合水电建设管理体制发展的需求，水电监理企业不断拓宽业务领域，提高企业素质，逐步向前期技术咨询、设计和试运行阶段延伸，配合建设（投资）方完成竣工验收、安全鉴定、工程保险和工程审计等方面的工作，逐步覆盖水电工程项目全部建设管理。

3. 水电监理的制度与标准化建设

20 世纪 90 年代（1995~1999 年）电力部陆续发布了《水电工程建设监理规定》《水电工程建设监理单位资质管理办法》《水电工程监理工程师资质管理办法》《水电工程建设监理合同》示范文本《水电工程水库移民监理规定》等一系列部门规章和规范性文件。

经国家经贸委批准，国内最早实施的监理规范——《水电水利工程施工监理规范》，并于 2012 年重新修订。

国家电力公司组织编写了《水电工程建设监理招标投标管理规定（试行）》，出版了《水电工程建设监理招标投标指南》。

水电分会在分会内发布了《水电工程建设设计监理指南》和《水电工程建设监理费行业市场指导价》，规范会员企业的市场行为。

4. 水电监理的主要业绩

自从实行监理统计制度以来，取得住建部水利水电工程专业监理资质的企业一直保持在

76 ~ 78 家（会员企业仅占二分之一），2017 年突增至 89 家，从业人员保持在 2000 人左右，最低值是 2015 年 16333 人，注册监理工程师人数从 1550 人逐步发展为 1950 人。需要说明的是，长期工作在水电工程一线的监理工程师有很大一部分人持有原电力部注册的水电监理工程师证书和水利部注册的水利监理工程师。

水利水电工程专业监理企业的年合同额，2012 年为 84.0 亿元，2017 年为 454.6 亿元。其中，监理合同额收入 2012 年为 21.0 亿元，2017 年为 21.2 亿元；境外项目合同额 2012 年为 2.9 亿元，2017 年为 103.0 亿元；监理收入稳定在 19 ~ 20 亿元。综合分析，水电监理企业的业务范围从监理业务不断扩展到咨询、招标代理直至项目管理和工程总承包，特别是"一带一路"倡议实施 5 年来，境外项目合同额增加了 30 倍。监理业务的实际收入却增加很少。

进入监理收入前 100 名的企业中，水利水电工程保持在 5 个左右，最多时为 2012 年有 7 个，原因是当年前 100 名的收入水平大多数在 1 ~ 2 亿元，而 2017 年前 100 名的收入水平已经发展到 1.4 ~ 7.6 亿元了。

5. 监理的科技进步

水电监理伴随着水电建设科技进步发展，监理机构与业主单位、设计和承包人一起，合作探索、开发水电工程设计、施工和工程管理新技术。以水工隧洞施工为例，锦屏二级水电站拥有世界上综合最大规模、中国第一、世界第二埋深的水工隧洞洞室群（4 条引水隧洞和 1 条排水洞单洞长 17.5km，洞径），具有"高山峡谷、高地应力、高埋深、高压大流量地下水、洞线长、洞径大"的特点，建设管理难度大、施工布置难度大、工程技术难度大、施工环境危险大。监理机构技术人员协调管理、精心监理，解决了强、极强岩爆"顽疾"，实施了高水头、大流量地下水的综合处治技术，成功地化解了高地应力、逆坡高压突涌水的施工风险，保证了工程顺利完建，充水调试成功。

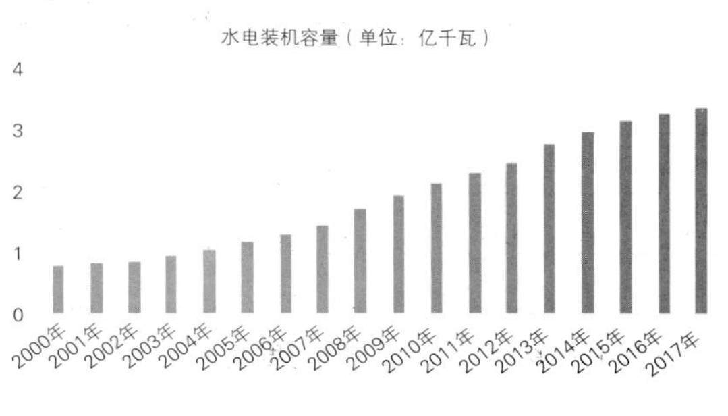

信息化管理推动了水电建设监理进步，减少了旁站监理工作量　提高了监理工作效率和质量。糯扎渡水电站第一座数字化大（土）坝监控系统开发，使得施工质量可以实时监控，有效控制大坝填筑质量。溪洛渡水电站建设了综合性人机交互系统，开创了智慧大坝（混凝土拱坝）建设的先河，实时控制各工序的施工质量，克服了"无坝不裂"的世界难题，被誉为中国最"聪明"的大坝，荣获"菲迪克 2016 年工程项目杰出奖"。

三、今后水电建设监理发展的展望

回顾改革开放以来水电改革历程，水电行业发展成就显著，问题也层出不穷，正可谓没有矛盾就没有发展，改革就是在不断解决新矛盾的过程中得以不断深化，发展方向也愈加明确。

未来水电的可持续发展将会突出体现"西电东送与电源开发协调发展的重要性（统筹性）"。并会充分意识到"宏观政策研究的重要性（战略性）"。水电建设监理行业作为水电建设管理体制中的重要环节也必然会向法制化、规范化与科学化方向不断发展，继续推进水电建设管理核心能力建设，水电监理协会也将持续发挥行业服务平台作用，助力国家水电事业的持续健康发展。

水电建设管理体制的改革始终伴随着国家改革开放的步伐：1979 年的改革是引入市场机制，打开窗户的改革，当前中央"一带一路"倡议可以认为是打开大门，走出去的改革，具有改革的里程碑意义。水电从鲁布革开始，必将在国家"一带一路"倡议为核心的改革道路上不断与时俱进，进一步完善水电建设从规划设计开始的全过程市场化改革，提升中国水电在国际市场上的竞争力，助推水电与清洁能源安全、环保与理性发展。

三十年凝心聚力，砥砺奋进 十七载风雨同舟，共创辉煌

——纪念监理制度 30 周年及天津市建设监理协会工作成果汇报

郑立鑫
天津市建设监理协会

栉风沐雨，春华秋实。在改革开放和经济建设大潮中应运而生的工程监理制度已经跨进了而立之年。三十年耕耘不辍，三十年铿锵前行。我国监理行业的发展，就像一本厚重的书，字字句句镌刻着创业的艰辛，篇篇章章讲述着奋进的辉煌。

1988 年 7 月，我国颁布了《关于开展建设监理工作的通知》，明确了我国的工程监理制度。1995 年建设部发布《工程建设监理规定》，明确了建设监理的定义和范围。1997 年《中华人民共和国建筑法》颁布，明确规定了我国推行建筑工程监理制度。我国监理行业先后经历了试点、稳步发展和全面推行三个阶段。

纵观中国监理行业创新发展的三十年的时间里，创造出了一条适合中国国情的建设监理制度，为建设监理在工程建设中确定了正确的地位，建立了一系列建设监理的法律法规、标准规范，逐步完善了我国建设监理的科学理论。监理行业规模的由小变大，工作类型由单一到综合，取得了显著的经济效益和社会效益，同时，形成了一套较为完善的监理工作程序，为“项目管理”和“全过程咨询”积累了经验。培养了一批专业素质较高的监理人才，造就了我国监理队伍的主体力量，监理行业的产生对促进我国经济建设发展、保证工程质量安全、保障社会和公众利益发挥了不可替代的作用，卓有成效。

在我国监理行业跨越发展的漫漫征程上，同样记录着天津市建设监理行业一路成长蜕变，不断发展壮大的过程。1987 年，我国第一条全面实行工程监理制试点的京津塘高速公路奠基。京津唐高速公路实行国际招标，推行工程监理制度，并严格按照国际惯例进行施工、组织和管理，天津市道路桥梁工程监理公司（现天津市华盾工程监理咨询有限公司）与丹麦“金硕”咨询公司联合监理该项目天津段 100.85 公里，该项目监理工作的顺利完工为当时天津市监理行业的发展争取了较好的环境。2001 年 10 月，天津市建设监理协会在市建委、市社团局以及相关监理企业的支持下正式成立。成立十七年来，天津市建设监理协会秉持“服务企业、服务行业、服务政府、服务社会”的工作宗旨，想会员所想、做会员所需，团结广大监理同行，依靠上级主管单位、各兄弟省市协会，共同研究和解决监理行业发展和改革中遇到的问题，在维护行业权利、反映行业诉求、倡导行业自律、推动行业改革、促进行业发展等方面做了许多卓有成效的工作。

建立健全规章制度　标准体系发挥作用

三十年来，我国出台了多项促进和规范监理行业发展的政策文件、规章制度，其中包括工程监理企业资质、人员资格、工作职责、招标投标、信用评价等多方面，为监理制度的发展提供了法

律保障和政策依据。我国建设监理行业的法律法规体系的形成，保证了监理行业有法可依、有章可循。天津市建设监理协会深入开展调查研究，围绕天津市监理行业的现实情况，不断改革和发展，建立健全完善配套的法律法规、规章制度。在《建设工程监理规范》的基础上，编制完成了《天津市建设工程监理规程》，同时积极响应国务院《深化标准化工作改革方案》中提出“培育发展团体标准”的工作要求，将团体标准的编制作为协会的重点工作来抓，与国家标准、行业标准“保底线”的作用相比，编制出更能满足天津市监理行业发展需求，对天津市监理工作现场具有技术指导意义的团体标准。目前，天津市建设监理协会已经完成了《建设工程监理工作标准指南》的编写工作，协会还将不断细化团体标准的类型，继续编写更具专业性、可操作性的团体标准，将团体标准与国家标准、行业标准、地方标准以及企业标准结合构建起全面的标准体系，共同发挥标准在监理行业中起到的重要作用。

行业建设有声有色　立足企业细化服务

三十年来，随着国家经济和社会发展进入到转型期和新常态，监理行业也进入了快速发展、深化调整的时期，天津市监理项目数量逐年上升，监理企业、监理从业人员数量逐年增多，截止到2017年底，天津市建设监理协会共有122家会员企业，其中综合资质3家、甲级87家、乙级28家、丙级4家，我市监理行业从业人员两万余人，监理行业整体呈现出稳中有进的良好发展趋势。

天津市建设监理协会也一直非常重视监理行业建设工作，充分利用协会自身的传播渠道，及时推介监理行业为的优秀项目和监理现场的工作经验，监理企业的形象有了很大的提升。特别是在全运会期间，天津市建设监理协会积极响应全运会组委会宣传部、场馆部的统一部署，发扬“2017天津公益行，监理人在行动”的精神，组织了18家监理企业积极投身到比赛场馆装点项目验收工作中去，按计划、按时间顺利完成场馆的装点项目验收，充分展现了天津市监理企业、监理人认真履行监理职责，不讲条件、不讲代价的工作精神，得到了全运会组委会宣传部、场馆部以及社会各界的一致好评。积极组织监理企业参与社会公益活动中去，扩大天津市监理行业的影响，树立监理行业的良好形象，打造监理行业的优质品牌。

结合实际制订行规　不断加强行业自律

三十年来，我国建设监理行业为我国的工程建设事业发展作出了积极的贡献，但随着监理服务价格逐步市场化后，监理行业的无序竞争、业主行为不规范、恶性压价等行为逐渐困扰着行业

团体标准《建设工程监理工作标准指南》专家审查会

十三届全运会组委会领导向天津市建设监理协会递交致谢函

未来的发展，监理收费显著低于监理的合理成本，监理企业无法吸引高素质人才，监理队伍整体素质显著下降等问题日益凸显，监理工作不能发挥有效作用。

2014 年中国建设监理协会发布了《建设监理行业自律公约（试行）》，对监理自律行为提出了规范和要求。天津市建设监理协会也积极响应有关部门对行业自律工作的要求，发布《天津市监理行业自律公约》，规范天津市监理服务行为，要求天津市的监理企业都能按照国家和天津市的法律法规、标准规范和合同协议提供工程监理服务，执业人员遵守职业道德自律，严格履行合同，不损害工程建设各方利益，保证工程质量。同时，要求天津市监理服务价格自律，抵制恶意压价行为，自觉维护行业秩序。天津市建设监理协会还重点组织协会的自律委员会的专家，做好行业自律检查工作，制定行业自律措施，检查落实情况，对于部分不利于行业发展的行为制定相应的惩戒措施，监理行业真正做到了监理服务内容、质量和价格的承诺，接受社会的监督，维护了监理行业的整体利益，监理市场也将迎来良性发展的局面。

推进监理改革发展 促进行业转型升级

经过三十年的发展，我国的监理行业已经形成一定的规模，随着监理制度的不断成熟，工程监理在建筑工程中发挥的作用也越来越重要，我国的监理行业也面临着转型升级，朝着科学化、系统化、全程化的发展方向发展。

天津市建设监理协会深刻认识到工程监理行业改革发展的重要性，在之后的一个时期内，将以提升天津市监理行业发展潜能、企业品牌价值为目标；以培育发展天津市监理行业的新业态，促进监理行业的创新发展、持续发展、领先发展为协会工作首要任务。

一是要继续建立健全行业发展的相关制度建设，其中包括天津市监理行业信用管理制度、天津市监理从业人员管理办法、天津市监理从业人员业务培训及登记办法、天津市建设监理从业人员培训管理实施细则等相关制度，真正提高监理行业的监管效能，树立起行业评价的正确导向，同时强化行业人才培养力度，扎实推进天津市业务培训方式的改革，将信用管理、人才培养、行业评优紧密结合起来，形成健康有序的监理行业氛围，共同维护监理行业的整体利益。

二是要依照住建部《住房城乡建设部关于侧近工程监理行业转型升级创新发展的意见》、国务院办公厅《关于促进建筑业持续健康发展的意见》等文件的要求，重点推动天津市监理企业向项目管理以及全过程工程咨询服务方向发展，加大 BIM 技术在监理工作中的应用，发挥行业协会的引导作用，营造起行业内的良好氛围，要作好调查研究、试点先行，总结经验、完善制度，加大力度培育一批高水平监理企业，培养一批懂技术、懂管理、懂经济的高端专业性人才，树立起先进企业典范，从而提高监理行业的社会认知度，建设单位的认可度，真正营造起行业的创新发展的良好氛围，形成有利于工程监理行业改革发展的健康环境。

工程监理制度经过三十年的发展，形成了一套比较完善、成熟的监理模式，工程监理行业真抓实干、勇于创新、奋发进取，一代代监理人用实际行动书写了一篇篇壮阔诗章，得到的成果是有目共睹的，社会影响力越来越大，展现出监理行业旺盛的生命力。

今天，党的“十九大”提出的新思想、新观点、新战略、新举措，为监理行业明确了新时代的发展方向，也赋予监理行业新的时代课题。天津市建设监理协会仍将紧紧跟随监理行业不断前进的脚步，不忘初心、牢记使命，以更加昂扬的姿态和更加饱满的热情，投身于监理行业蓬勃发展的新时代中去，紧跟全国建筑业发展形势和需要，为监理行业的健康有序发展书写更加绚烂辉煌的新篇章。

一泓溪水汇成流

——庆祝中国建设监理制度建立 30 周年

耿春
河南省建设监理协会

在上海，站在“中国第一高度”上，上海中心项目监理人员依靠科技创新与管理创新，打破常规，攻克了无数技术与管理上的难题，创出了多项国内外项目监理之最，更用监理人的知识技能与创新精神，书写了中国建设监理事业的新高度。

在西藏，高寒、复杂、艰苦的青藏铁路施工沿线，监理人牢记使命，忠实履责，用“质量零缺陷、安全零事故、进度超目标”的监理业绩诠释了“挑战极限、勇创一流”的青藏铁路精神，谱写了中国建设监理的天路辉煌。

在非洲，援建项目的监理人，以大无畏的忘我工作精神，克服极差的环境卫生条件，参与创建了一批批精品工程，在国际工程咨询领域赢得一席之地，为中非友谊谱写了一曲壮丽的赞歌。

当新时代的钟声响起，建设监理制度从施工阶段厚积薄发，开始向全过程高端咨询服务发起冲锋时，距离 1988 年建设部发布《关于开展建设监理工作的通知》已经整整 30 年了。30 年，是一个时序的节点，也是一代人成长的周期。这一代人，似在青春荒野上奋力奔跑的孩子，触足之地，或陷泥泞，或长青草，时间是玫瑰，他们是玫瑰上的刺。他们有幸见证建设监理一路走来的巨大变化，那些开创先河的探索者，那些披荆斩棘的实践者，那些消失在时光深处的欢乐与喜悦，那些为监理行业发展殚精竭虑而生的白发，令人记忆犹新，心生感慨，正是一个又一个平凡的监理人，以不同的方式托举着这个行业，持续向前进发，不断向好。

回望 30 年的监理创新发展之路，有发展的畅快和舒展，也有变革的阵痛和成长的烦恼。作为建设管理体制改革践行者的建设监理制度，在国际通行的项目管理理论和规则的指引下，在中国特殊的市场环境和特色的国情制度面前，在崎岖蜿蜒的道路上，带着“枷锁”前行，忍辱负重，攻坚克难，30 年的发展历程，既是一条不断创新、不断壮大的阳光之路，同时也是一条泥泞坎坷的羊肠小道，旁站监理制度、监理安全责任以及地方政府随时强制附加的合同外工作，总让这个行业走不出备受压抑的阴影。

在纪念建设监理制度实施 30 年的特殊时刻，在建设监理正进入转型升级的关键时期，如果我们善于从过往的遭遇中汲取智慧，在持续 30 年的发展中探寻那些隐藏在表象下面的变革力量，在更大的视野里认识总结建设监理制度的内生逻辑，学习并继承开拓者的勇气，那么我们对当下建设监理行业的一些问题就不会感到突兀和茫然，对取得成绩也不会沾沾自喜，对未来更不会感到彷徨和焦虑，而是认真地将建设监理制度再一次与中国国情相结合，将国际工程咨询的发展流变与中国建设监理制度自身发展进步有机融合，以此，在通往高端咨询服务的道路上，也会有更大的信心和力量。

监理事业发展到现在，制度的演进和变迁，和中国社会的发展是同步的，也是合拍的。经历了计划经济向市场经济的跃迁，正是在这种翻天覆地的思想和实践的深刻过渡中，对建设监理制度的认知也在不断的深化和重塑，并紧紧贴住中国的大地，获得了蓬勃的生命力，发展成为建筑领域的一项基本制度。从 1988 年开始工程监理工作的试点，到 1996 年在建设领域全面推行工程监理制度，经历了准备阶段（1988 年）、试点阶段（1989~1992 年）、稳步推广阶段（1993~1995 年）、全面发展阶段

（1996～2017 年）以及转型升级（2018 年～今后）五个发展阶段，积累了丰富的经验，也反映出很多问题。建设监理制度根植在改革开放的深厚土壤中，在计划经济的母体中孕育，从制度创设那一天起，就带着变革的基因，背负着改造传统落后的“自管自建”的工程建设组织实施方式的使命，从菲迪克引入理论，在中国大地上实践并进化，形成了独具特色的品格和内涵。作为一项新的制度，经过试点和推广，在 1997 年写入《建筑法》，赋予了强制实施的地位，随后在《建设工程质量管理条例》和《建设工程安全生产管理条例》中得到进一步明确，发展成为市场经济中建设项目管理体制下一方必不可少的市场主体。经过 30 年的实践，还形成了 8000 家专业化、社会化的工程监理企业，培养了 16 万名懂专业、善管理的监理工程师队伍，吸纳了近百万监理从业人员，建设监理制度得到了社会的认可，缩小了与发达国家建设项目管理水平的差距，这样的成效，我们感到自豪，无愧于制度的开创者。

建设监理制度的创建，毕竟是建设领域的一项重大改革，“参照国际惯例，建立具有中国特色的建设监督制度，以提高投资效益和建设水平，确保国家建设计划和工程合同的实施，逐步建立起建设领域社会主义商品经济的新秩序”，这是制度的初衷，由于市场化程度的不足，此后建设监理曲折行进的轨迹，巨大的历史落差和制度变迁，还是令人始料未及。在创立监理制度 30 年后的今天，监理制度究竟是一个什么样的角色还有几多争论，建设监理到底该如何定位，才能翻开新的篇章，仍然耐人寻味。面对实践中出现的种种令人不理解的偏差，在中国建设监理协会深圳创新发展大会上，业内人士提出了一系列关于监理定位的提问：“是向知识密集型方向发展，还是向劳务密集型方向发展？监理行业到底为谁服务，服务的方式是什么？是为业主（建设单位）服务还是为政府对建设工程的质量和安全服务？为什么工地上一出事就先抓监理？”一系列的提问，令台下的监理人静默良久。

建设监理制度的创新发展从来不是一帆风顺，一路凯歌。30 年来，一代又一代监理人曾奋力驱散阴霾，信心百倍；也曾经受考验，艰辛探索。尽管他们遭遇了众多急流险滩，但建设监理创新发展的航向始终如一。1998 年，长江洪水泛滥，九江城防大堤上，时任总理怒斥堤坝为豆腐渣工程，此后，在工程实施过程中，开始探索对重要部位和关键工序旁站监理，2002 年建设部印发《房屋建筑工程施工旁站监理管理办法（试行）》，正式实施监理旁站制度。这个试行了 16 年的制度，撕掉了现场监理高智商、知识密集型的身份标签，对部分现场监理人员能力不强、素质不高的指责也渐渐甚嚣尘上，坚持原则、固守底线的监理人员被欺骗、被辱骂甚至被伤害的事件屡屡登上新闻。在现场复杂的利益纷争中，监理人以弱势生存的精神，依法监理，履约尽责，彰显了奋争崛起的精神和敢于担当的品格。1995 年，韩国三丰百货商场的整体垮塌事故；1999 年，重庆市綦江县彩虹桥垮塌事件，这些震惊世界特大工程质量安全事故的发生，令社会公众忧虑，随着建筑业规模不断增长，工程质量安全事故也呈多发态势。在这种背景下，国务院出台了《建设工程安全生产管理条例》，将安全生产管理纳入了监理的工作范围。从此，履行安全生产管理的法定职责成了与“三控两管一协调”并列的基本服务内容，在保证工程质量安全整体受控的监管体系中，监理作出了令人瞩目的成效，也付出了巨大的牺牲。《建设工程安全生产管理条例》赋予监理安全管理的法定职责，显著改变了监理行业的发展轨迹，使得 2003 年，成为监理行业发展史的转折之年。崛起于斯，却也沉落于此，由意气风发转而如履薄冰，理想与现实，并没有泾渭分明的界限，这是监理的命运，也是现实的逻辑，更是社会赋予监理的责任和担当，历史会记住这种悲情的制度演化，行业会记住那些为此而身陷囹圄的监理人，欢乐与泪水，都是生活给予监理人的馈赠。

30 年，尘封的记忆记录着社会和生活的点滴变迁，红颜已生白发，孩童已成青年，青涩的现场监理员，也早已茁壮成长为资深的监理工程师，中国建设监理制度正是在市场的洗礼中，一步一步走向完善，形成了自己鲜明的中国印记。2017 年，住房城乡建设部发布《关于促进工程监理行业转型升级创新发展的意见》:“形成以主要从事施工现场监理服务的企业为主体,以提供全过程工程咨询服务的综合性企业为骨干,各类工程监理企业分工合理、竞争有序、协调发展的行业布局。监理行业核心竞争力显著增强,培育一批智力密集型、技术复合型、管理集约型的大型工程建设咨询服务企业。”站在30年时间节点上,回望今夕两幅景象,促人深省,发人深思。对于工程监理制度的构想,经历了一个曲折的发展轨迹,背后则是现实的市场逻辑。最初顶层设计是对工程建设实施全过程、全方位的监理,但由于监理的产生和发展基础是从施工阶段质量、进度、费用等内容监督为主,人员的配备、工作内容等方面都较强地体现了施工阶段的监理,因此在《建筑法》制订的时候,从实际出发,将工程监理定位在施工阶段,这也符合我国当时工程建设的实际情况,但这绝不表明,除施工阶段外,其他阶段可以不实施监理,如果市场有需求,监理单位有能力,完全可以去拓展。因为供给侧结构改革和国家“一带一路”的倡议,海外工程实践也积累了丰富的实践经验,中国建筑业已经走到了国际化的历史关口,总承包和全过程工程咨询两线作战的战略构想日渐清晰。2017年,住房城乡建设部在《关于开展全过程工程咨询试点工作的通知》中明确,要积极延伸服务内容,积极发展全过程工程咨询服务,拓展业务范围,提供高水平全过程技术性和管理性服务项目,提高全过程工程咨询服务能力和水平。由此,在现实演进与发展创新的关联中,建设监理开始了崛起与复兴之路,正在开启创设30年后的新航程。

回首30年,变革与发展始终是时代的主题。1988年8月1日,《人民日报》第一版以《迈向社会主义商品经济新秩序的关键一步——我国将按国际惯例实行建设监理制》为题,报道了我国建设领域启动的一项重大改革——开始推行建设监理制度。30年再回首,可以看到,建设监理制度总体来说,走过的是一条非常成功的道路,它没有完全模仿西方的工程咨询行业的发展路径,而是立足中国,贴近现实,进行着艰辛的理论创新和制度创新,形成了自己的特点和优势,不断推进管理创新,提升自身素质水平。我们纪念建设监理制度实施30周年,一方面我们要继续坚持和发展建设监理制度不动摇,对建设监理的未来充满理论自信和制度自信,相信建设监理行业有足够的胆识和智慧,通过全行业的不懈努力,拨开迷雾,化解危局,实现监理行业真正的突破。另一方面,我们还要深刻的反思,30年来我们做对了什么,又做错了什么?我们是一群什么样的人,带领着一支什么样的队伍,干的都是什么样的事?我们将如何走出历史的迷思,才能准确地总结过去,清晰地看到未来,客观地掌控现在。

万物皆有裂缝,那是光照进来的地方。改革的风帆已高高扬起,新时代中国特色社会主义的思想也必将深远地影响中国经济和社会发展,落实到哪个领域都会使该领域的体制、机制发生重大变化,工程监理制度也将在以改革为主调的时代背景下成为改革的对象,困扰监理行业发展的各种热点和难点问题势必会逐步得到解决。我们对建设监理行业的未来充满信心的同时,更对当下,站在建设监理制度建立30周年的历史时刻,对新时代建设监理行业如何更好地发展深谋远虑。

改革之势已定,无论现实怎么走,历史的关口已然豁然打开,转型与升级注定成为建设监理行业更上一层楼的建设性思维,至少在想象的意义上,建设监理新的时刻已经来临。不积跬步,无以至千里,恩格斯说:“世界不是一成不变的集合体,而是过程的集合体。”也就是说,再高的期待,再好的想法,也只能一步一步慢慢实现,“过程哲学”蕴藏着古老的智慧,习总书记说:“改革发展的课题从来没有速成班。”全行业只有对大局了然于胸,对大势洞幽烛微,才能因势而谋,应势而动,顺势而为;才能以求新求变的活力冲破守成的暮气,在进退有据中闯出一片新的天地,展现监理人智慧的方略和图强的风骨。

再次激发中国工程监理制度的创新活力,重燃30年前监理制度试点推行时的改革激情,推动监理行业平稳、持续、健康发展,是每一位监理工作者在未来新的30年里将要思考,也即将遭遇的问题。

从这里再出发,我们的未来充满阳光!

历史的选择　时代的召唤

——深圳工程监理 30 年回顾与实践

方向辉
深圳市监理工程师协会

推行监理制度 30 年来，伴随着深圳经济建设的高速发展，监理队伍不断壮大，监理行业稳步发展。目前，在深圳从事监理活动的监理企业已有近三百家之多（总共 296 家，其中：本市企业 108 家；外地企业 188 家），从业人员三万之众，仅 2017 年度，深圳本市监理企业营业收入合计共 46.62 亿元（其中，监理费收入合计共 31.25 亿元）。纵观深圳全市纵横交错的公路、铁路系统，鳞次栉比的高楼大厦，功能齐备的各类基础设施，星罗棋布的医院校园，赏心悦目的城市景观等建设工程现场，到处都留下了监理人员忙碌的身影，到处都洒满了监理人员辛勤的汗水，一大批大型建设项目高速优质地建成使用，无不凝结了监理人孜孜不倦的心血。深圳监理人员勤奋工作，默默奉献，为保障建设工程质量，促进施工安全管理，维护社会公众利益和人民生命财产安全发挥了不可替代的重要作用。工程监理已成为建设领域不可或缺的一方责任主体。

一、试点推行监理制度，拉开行业发展序幕

1984 年，我国首次利用世界银行贷款，首次按国际惯例实行国际招标建成的鲁布革水电站工程，其先进高效的建设实践，对我国工程建设管理体制产生了重大影响。借鉴国际工程建设管理经验，转变我国建设工程自筹、自建、自管的传统管理模式的讨论油然而生，推动我国建设工程传统管理模式的改革接踵而来，历史选择了监理制度。

1988 年 7 月，建设部发布《关于开展建设监理工作的通知》，具有中国特色的监理制度由此发轫。同年 11 月，国家建设部发布《关于开展建设监理试点工作的若干意见》，确定包括深圳在内的“八市二部”开展监理工作试点，拉开了深圳监理行业发展的序幕。

试点推行监理制度初期，深圳仅将监理企业分为自营性和社会性两类，并未实行资质分级管理。为贯彻落实建设部 16 号令《工程建设监理单位资质管理试行办法》，市建设局于 1992 年 12 月出台了《深圳市建设监理试行办法》，开始试行监理企业资质分级管理。至 1994 年末，市建设局先后批准成立了 48 家自营性和社会性监理企业，开始推行监理制度的试点探索。

为解决监理人才不足和业务水平参差不齐等问题，从 1994 年 8 月开始，市建设局组织开展了大规模的监理从业人员培训，先后有 2000 多人通过培训取得了建设部颁发的上岗培训证书，为全面推行监理制度，并为深圳监理行业的稳步发展奠定了人才基础。

二、监理制度日趋完善，监理行业蓬勃发展

推行监理制度 30 年，各级政府为规范监理行业管理，促进监理行业发展，先后出台了一系列法规和规范性文件。深圳作为全国试点推行和率先全面推行监理制度的城市，在完善监理制度方面也取得诸多突破，监理制度日趋完善，监理行

业蓬勃发展。

1995 年 9 月，深圳市人大常委会颁布《深圳经济特区建设监理条例》，拉开了深圳监理企业改组工作的序幕，在淘汰一批内部管理混乱的自营性监理企业的同时，促进了行业向着“保证质量、控制数量”的良性方向发展，并在全国率先全面推行监理制度。

1995 年 12 月，深圳市监理工程师协会的成立，对维护会员和行业的合法权益与社会公共利益，沟通、协调会员与政府、社会之间的关系，规范会员行为，促进会员和行业的公平竞争和有序发展起到了有效的促进作用。

进入 1996 年，深圳政府主管部门相继出台了一系列有关监理的规范性文件，从提高监理从业人员素质、实行总监负责制、加强企业内部管理、规范监理合同文本、实行监理招投标制和规范监理取费等方面入手，对监理企业及从业人员的日常行为进行了规范，推动了深圳监理行业的稳步发展。

1996 年 2 月，深圳开始推行自行出题、自行考试、自行录用上岗的“深圳市监理工程师”制度，并在 1999 年 6 月，对全市监理工程师实行分级管理，有效解决了全面推行监理制度带来的国家注册监理工程师数量严重不足的问题；1997 年 2 月，全面推行项目总监负责制、监理招投标制与合同备案制等，落实了工程监理责任，规范了监理企业市场行为，维护了监理企业合法权益。

1997 年 11 月，国家颁布的建筑法，明确规定国家推行监理制度，确立了监理的法律地位，监理制度由此在全国全面推行。

2000 年 1 月，国家颁布的建设工程质量管理条例，确立了工程监理作为建设工程一方责任主体的地位，明确了必须实行监理的工程范围，以及监理企业及从业人员的质量责任和义务，规范了工程监理执业行为。

2000 年 3 月，深圳出台的深圳建设工程施工监理规范和深圳市工程建设监理费规定，在规范监理企业及从业人员日常行为的同时，维护了监理企业的合法权益，为深圳监理行业稳步发展提供了基础保障。

2002 年 7 月，建设部发布的房建工程施工旁站监理管理试行办法，要求监理人员对关键部位、关键工序的施工质量实施全过程跟班监理，开创了监理人员从事施工质量“监工”的职业生涯。

2003 年 11 月，国家颁布的建设工程安全生产管理条例，赋予工程监理履行安全生产管理的法定监理责任，监理企业及从业人员的肩上再添重担，背负的法律责任更是压力如山。

2007 年 3 月，国家颁布了监理收费标准，规范了监理收费行为，维护了监理企业的合法权益。

2013 年 5 月，国家颁布了建设工程监理规范，推进了监理行业标准化建设，标志着监理行业迈入了一个新的里程碑！

三、监理行业发展起伏，行业同仁砥砺前行

推行监理制度 30 年，监理行业的发展虽然有所起伏，但广大监理企业及从业人员在各级政府主管部门的领导下，祛沉疴、除积弊，奋发图强，砥砺前行，累累硕果更是有目共睹。

2004 年 6 月，为解决监理招标过程评定标环节诸多有失公平的问题，深圳开始推行监理招标直接抽签中标的做法，多达 400 家良莠不齐的外地企业纷纷进入深圳参与监理招标抽签“撞大运”，有的甚至同时挂靠若干外地监理企业进入深圳参与监理招标抽签，行业一度陷于浮躁紊乱的境地。连续 4 年时间的直接抽签中标，有失公平的问题是解决了，但诸多原本信誉好、实力强的企业由于屡屡抽签未能中签、中标而逐渐陷入经营困境，信誉差、实力弱的企业反因“手气”好而绝处逢生，优胜劣汰的市场规律被反转。

随着深圳经济高速发展和建设投资规模的不断扩大，建设项目持续增多，工程质量安全形势也日趋严峻，加之建设投资主体越来越多元化和复杂化，作为工程质量和施工安全管理责任主体的施工单位的作业人员的构成也发生了质的变化，而政府

监管部门又因监管力量不足而把监理作为实施质量、安全监管的抓手。对应建筑市场的这些变化，监理制度的某些缺陷也逐渐暴露出来，取消强制监理的呼声油然而生。有鉴于监理制度本身的某些缺陷及监理行业存在的某些问题，市住建局提出了拟取消强制监理的改革，引发了深圳乃至全国监理行业的震动。面对模糊的行业发展前景，广大从业人员忐忑不安，企业人才加速流失，行业一度陷于风雨飘摇之中。

进入 2015 年，随着国家放开监理收费政府指导价而实行市场调节价，违法违规迫使企业以低于成本的价格竞标的监理招标接踵而至，低价恶意竞标、抢标此起彼伏，监理市场恶性竞争加剧，造成企业日常经营难以为继，企业人才流失再次加速，行业发展有所起伏。

2015 年 12 月，在深圳市两新组织党工委、市社会组织党委和市住建局的支持下，市监理行业党委正式成立。行业党委的成立，为行业持续健康发展提供了组织保障。行业党委凝聚共识，谋划发展，努力工作，从建立健全基层党组织、提升行业党建覆盖率入手，在组织建设、思想建设、制度建设、作风建设等方面打牢行业党建工作基础，着力推进党建工作与行业持续健康发展相融合，为行业持续健康发展注入了新的动能。

进入 2016 年，为抵制招标人迫使以低于成本的价格竞标及遏制恶意低价竞标、抢标行为，广大监理企业及从业人员开始凝聚共识，依法抵制恶意竞标、抢标的行动，在维护市场经济秩序和广大企业合法权益的同时，为构建廉洁行业、廉洁社会提供了基础保障。

2016 年 2 月，党中央、国务院在《关于进一步加强城市规划建设管理工作的若干意见》中提出“强化对工程监理的监管”的意见，住建部于 2017 年 7 月发布了《关于促进工程监理行业转型升级创新发展的意见》，在客观评价监理制度，强调监理作用的同时，为监理行业持续健康发展指明了方向。

进入 2017 年，为树立行业新形象，促进监理行业的持续健康发展，在深圳市纪委、市两新组织纪工委、市社会组织党委、市住建局的领导和推动下，市监理行业党委和监理协会在全市监理行业开展廉洁从业工作，推进了行业自律工作的制度化、常态化建设，实现了行业的自我约束、自我监督，促进了行业持续健康发展。通过廉洁从业工作的开展，广大企业及从业人员廉洁自律意识持续增强，企业依法诚信经营蔚然成风，从业人员不徇私情，认真履行法定监理职责的自觉性持续提升，工程监理在工程质量控制、工程投资控制和施工安全管理等方面的作用得到了有效发挥，行业价值逐渐呈现，行业形象大幅提升。

进入 2018 年，有鉴于市监理行业党委和监理协会近年在促进行业持续健康发展方面所取得的工作成效，深圳市委于 2018 年 6 月授予监理行业党委“先进基层党组织”；深圳市纪委、市民政局于 2018 年 3 月联合授予监理行业党委“深圳市行业自律试点工作先进单位”；深圳市住建局于 2018 年 2 月授予监理协会“深圳市住建系统先进协会”；深圳市社会组织总会于 2018 年 1 月授予监理协会“深圳社会组织风云榜社会组织”。接踵而至的荣誉，既是对监理行业党委、监理协会近年工作的肯定，更是鞭策监理行业党委、监理协会，以及全市监理行业党员和从业人员砥砺前行的殷切期望。

回眸历史，审视监理行业 30 年发展历程，深圳确有诸多开拓创新的亮点和砥砺前行的特色。党中央、国务院历来高度重视工程监理，有关“强化对工程监理的监管”的要求，对工程监理重要作用的发挥寄予厚望。值此国家改革开放 40 周年，推行监理制度 30 周年，住建部提出了促进监理行业转型升级创新发展的意见，吹响了监理行业同仁奋进新时代的号角。新时代的召唤催生新的机遇、新的挑战，深圳监理行业同仁更需聚智汇力，共谋发展，更要不忘初心、牢记使命，奋发图强、励志前行。

推行监理制度是历史的选择，转型升级创新发展是时代的召唤。让我们在各级党委和各级政府主管部门的引领下，奋进新时代，砥砺新作为，创造新价值，铸就新辉煌！

浅析装配式建筑的结构工程质量监控要点

廖文选
武汉星宇建设工程监理有限公司

摘　要： 装配式建筑是通过装配实现其结构整体性，以满足结构体系抵抗载荷作用的基本功能。因而装配化施工整体性的质量控制显得十分重要。通过简要分析建筑结构体系受力特点，结合工程实践对装配式建筑的框架剪力墙主体结构和钢框架钢管束剪力墙主体结构工程质量监控要点进行探讨。

关键词： 装配式建筑　框架剪力墙　钢管束剪力墙　工程质量　监控要点

一、引言

随着社会的发展，国家积极推广绿色建材和建筑，大力发展钢结构和装配式建筑，改善人居环境。在房屋建造的全过程中采用设计标准化、生产工厂化、施工装配化、装修一体化、全过程的管理信息化、应用智能化，形成完整的一体化产业链，从而实现社会化的大生产为主要特征的建筑工业化成为必然趋势。国家和建筑行业部门、协会、地方等装配式建筑相关技术标准的推出和 BIM 技术与射频技术、人工智能的应用，将大力推动装配式建筑发展。装配式建筑作为建筑工业化生产方式变革的一种建造形式，具有绿色低碳环保高效、满足工业化要求的特点，正得到越来越广泛的应用。

二、装配式建筑的结构体系

装配式建筑是将组成建筑的部分构件或全部的构件在工厂内加工完成，然后运输到施工现场，将预制构件通过可靠的连接方式拼装就位而建成的建筑形式。其结构体系包括：1. 装配整体式框架结构；2. 装配整体式剪力墙结构体系；3. 装配整体式框架－剪力墙结构体系；4. 叠合框架剪力墙结构体系；5. 混合结构体系，如钢管混凝土构件、型钢混凝土构件、钢筋混凝土结构混合使用。6. 钢管束剪力墙结构体系，钢管束内浇筑混凝土形成剪力墙。7. 筒体结构体系：主要包括框架－核心筒结构与筒中筒结构。

三、装配式建筑的结构工程监控要点

装配式建筑结构体系设计计算模型是整体式的“等同现浇”，为了工厂化生产，需要对整体拆分成构件制作再运输到现场进行装配，通过构件构造要求和连接节点构造要求使之再形成整体。针对装配式建筑结构不同体系，设计除了体系计算还需进行构件设计和连接设计。

构件除了本身的刚度，还必须满足节点刚度和整体刚度。结构构件装配过程中对构件、节点及其连接可靠性进行监控，要使每一构件连接可靠形成整体，使形成的建筑物与结构体系设计计算模型相一致，达到“等同现浇”，确保建筑结构承受竖向和水平载荷作用的基本功能。现对目前应用较多的装配式建筑的混凝土框架剪力墙主体结构和钢框架钢管束剪力墙主体结构监控要点进行简要探讨。

（一）熟悉设计文件，了解设计意图，了解设计采用的相关规范，确定采用的验收规范。目前适用于装配式建筑的国家规范、行业规程，如《混凝土结构工程施工质量验收规范》GB 50204-2015、《钢结构工程施工质量验收规范》GB 50205-2001、《钢管混凝土结构技术规范》GB 50936-2014、《装配式混凝土结构技术规程》JGJ 1-2014、《装配式混凝土建筑技术标准》GB/T 51231-2016、《高层建筑混凝土结构技术规程》JGJ 3-2010、《钢筋套筒灌浆连接应用技术规程》JGJ 355-2015。根据项目地域性特点和设计要求，确定适用的装配式构件制作、施工及质量验收的相应地方规程。

（二）PC 构件制作质量监控要点

1.PC 构件是装配式建筑结构体系的基本单元，每一建筑物不尽相同。协调相关单位根据相关方案措施进行图纸深化，并与预制厂进行交底。明确质量控制措施，验收措施及合格标准。

2. 审核与 PC 生产的相关的各施工专项方案。确定与 PC 构件相关的吊点、埋件、预留孔、套筒、接驳器等的位置、尺寸、型号。

3. 检查模具控制制作误差。钢筋取样复试，检查钢筋骨架尺寸应准确，钢筋品种、规格、强度、数量、位置应符合设计和验收规范文件要求，钢筋骨架入模后不得移动，并确保保护层厚度。

4. 埋件、套筒、接驳器、预留孔、门窗框等材料应合格，品种、规格、型号等符合设计和方案要求。预埋位置正确，定位牢固，控制误差。

5. 对钢筋、保护层、预留孔道、埋件、接驳器、套筒等逐件进行验收合格后浇筑混凝土。检查剪力墙套筒连接部位自套筒底部至顶部向上延伸大于 300mm 范围内加密水平分布筋符合设计要求，检查浇筑的混凝土标号满足设计要求，混凝土浇筑及养护符合规定。

6.PC 构件出厂前的验收。构件厂应建立产品数据库，对构件产品进行统一编码，建立产品档案，对产品的生产、检验、出厂、储运、物流、验收作全过程跟踪，在产品醒目位置做明显标识。加工厂应有构件运输方案，强度达到运输要求，有符合要求的成品保护措施，装车前，监理对 PC 构件再次验收。

（三）PC 构件安装装配质量监控要点

装配连接部位从结构受力角度大部分均为嵌固固结端，为受力最大部位，既要承受剪力，又要承受弯矩。同时二次浇筑、构件异形和构件误差形成薄弱环节，设计是通过节点构造措施处理，因此其装配施工精度和连接构造施工质量理应重点控制，使其不仅满足计算受力要求，还要保证安装时的稳定可靠。

1. 审核施工单位编制的装配式混凝土结构施工专项方案，明确质量保证体系及质量技术措施。

2. 对预制构件的进场检验和验收，预制生产单位应提供构件质量证明文件；构件的外观质量和尺寸偏差、预埋件、预留孔、吊点、预埋套孔等再次核查。

3. 制定预制构件的现场存放规定，存放品种、规格、吊装顺序分别设置堆垛，控制叠放层数，异形构件堆放应根据施工现场实际情况按施工方案执行。

4. 确定构件安装顺序以及连接方式及临时支撑和拉结，应保证施工过程结构构件具有足够的承载力和刚度，并应保证结构整体稳固性。

5. 装配整体式结构应选择具有代表性的单元进行试安装。

6. 预制构件的吊装起吊时的吊点合力宜与构件重心重合，预制墙板（剪力墙）安装过程应设置临时斜撑和底部限位装置，临时斜撑和限位装置应在连接部位混凝土或灌浆料强度达到设计要求且形成上下层整体后拆除。

7. 检查预制叠合楼板与柱、梁连接处搭接、二次钢筋布置符合设计要求后方可二次后浇筑混凝土。构件安装过程中，不得割除或削弱叠合板内侧设置的叠合筋。

8. 检查剪力墙之间、与边缘构件连接符合设计要求，检查后浇混凝土部位钢筋搭接及锚固。

9. 预制墙板（剪力墙）安装过程宜设置平整度控制装置，平整度控制装置可采用预埋件焊接或螺栓连接方式。预制墙板（剪力墙）采用螺栓连接方式时，构件吊装就位过程应先进行螺栓连接，并应在螺栓可靠连接后卸去吊具。

10. 预制阳台板为悬挑结构，加强后浇锚固钢筋检查。安装前应设置防倾覆支撑架，支撑架在结构楼层混凝土达到强度要求时方可拆除。施工荷载不得超过楼板的允许荷载值。预留锚固钢筋应全部伸入现浇结构内，伸入长度和数量应符合抗震锚固要求，并应与现浇混凝土结构连成整体。与侧板采用灌浆连接方式时阳台预留钢筋应插入孔内后进行灌浆。灌浆预留孔的直径应大于插筋直径的3倍，并不应小于60mm。预留孔壁应保持粗糙或设波纹管齿槽。

11. 预制楼梯采用预留锚固钢筋方式时，应先放置预制楼梯，再与现浇梁或板浇筑连接成整体；预制楼梯与现浇梁或板之间采用预埋件焊接连接方式时，应先施工现浇梁或板，再搁置预制楼梯进行焊接连接。预制楼梯吊点控制，预制楼梯安装时，上下楼梯应保持通直。

12. 装配整体式结构构件连接应重点监控，对其施工进行旁站。连接形式有焊接连接、螺栓连接、套筒灌浆连接和钢筋浆锚搭接连接等方式。套筒灌浆的连接方式，应按设计要求检查套筒中连接钢筋的位置和长度。（1）灌浆前应制定套筒灌浆操作的专项质量保证措施，灌浆操作全过程应有质量监控；（2）灌浆料应按配比要求计量灌浆材料和水的用量，经搅拌均匀后测定其流动度满足设计要求后方可灌注；（3）灌浆作业应采取压浆法从下口灌注，当浆料从上口流出时应及时封堵，持压30s后再封堵下口；（4）灌浆作业应及时做好施工质量检查记录，每工作班制作一组试件；（5）灌浆作业时应保证浆料在48h凝结硬化过程中连接部位温度不低于100℃；（6）剪力墙钢筋集束连接是套筒灌浆连接方式之一，除检查套筒灌浆还要检查钢筋数量规格、布置均匀、伸入孔道长度、螺旋箍筋是否满足设计要求。

13. 构件结合面：预制构件与后浇混凝土、灌浆料、坐浆材料应设置粗糙面、键槽。粗糙面的面积不宜小于结合面的80%，预制板的粗糙面的凹凸深度不应小于4mm，预制梁端、预制柱端、预制墙端的粗糙面凹凸深度不应小于6mm。检查后浇混凝土、灌浆料、坐浆材料用料规格、型号及强度是否符合要求。

（四）钢框架钢管束剪力墙主体结构监控要点

钢框架钢管束剪力墙组合结构由钢框架、钢管束剪力墙、楼板装配连成整体形成的结构体系。剪力墙由标准化、模数化的钢管连接在一起形成钢管束剪力墙，内部浇筑混凝土形成钢管束组合结构，作为主要承重构件和抗侧力构件。钢框架由型钢或钢管组成。楼板由在工厂加工钢筋桁架，现场安装浇筑混凝土形成。钢框架钢管束剪力墙结构具有重量轻、承载力强、抗震性能好的结构特点。

1. 构件制作所用材料符合钢结构设计验收规范要求。钢材、高强螺栓应符合规定。按设计施工图要求由工厂提供的钢管应有出厂合格证，现场复查钢管规格、检查壁厚，为保证钢管内壁与核心混凝土紧密粘接，钢管内不得有油渍等污物。焊缝质量满足验收规范要求。制作误差满足设计及施工验收规范要求。

2. 钢结构具有局部屈曲破坏的特点，因此其节点大都采取加强型连接措施。制作和现场安装时对连接板筋、连接隔板、连接螺栓、焊缝逐一检查。重要焊缝探伤检查。钢管接长时，如管径不变，宜采用等强度的坡口焊缝；如管径改变，可采用法兰盘和螺栓连接，同样应满足等强度要求。法兰盘用一带孔板，使管内混凝土保持连续钢管在现场接长时，应加焊必要的定位零件，确保几何尺寸符合设计要求。

3. 钢管柱（束）长度宜按9m或三个楼层分段，分段接头位置宜接近反弯点位置，且不宜出楼面1m以上，以利现场施焊。为增强钢管与核心混凝土共同受力，每段柱子的接头处，在下段柱端设置一块环形封顶板，检查封顶板是否符合设计要求。加强焊接工艺的管控，确保制作质量，特别是焊缝质量和制作精度，便于拼装，避免拼装产生变形和附加应力。在各工种之间，或每个工序之间，必须按设计图纸进行自检和互检，并在钢管构件上打上各自的记号。所有钢管构件必须在焊缝检查后方能按设计要求进行防腐蚀处理。

4. 钢管柱（束）吊装。钢管柱（束）组装后，在吊装时应注意减少其变形，吊点的位置应根据钢管柱本身的承载力和稳定性经验算后确定。必要时，应采取临时加固措施。吊装钢管柱、钢管束时，应将其上口包封，防止异物落入管内。当采用预制钢管混凝土构件时，应待管内混凝土强度达到设计值的50%以后，方可进行吊装。钢管柱（束）吊装就位后，应立即进行校正，并采取临时固定措施以保证构件的稳定性。吊装就位检查中心线、标高、垂直度、相应对角线差等在允许偏差要求范围内。

5. 连接节点。制作和安装时对梁与柱连接节点、梁与钢管柱（束）连接节点、钢筋桁架楼层板与梁及钢管柱（束）的连接节点是否符合设计要求加强监控。框架柱和梁的连接节点内力较大时，为确保结构整体刚度，隔板需穿过钢管，应检查隔板是否符合设计要求和留孔，检查隔板与柱的焊接。对于采取加强环的连接方式应检查梁翼缘的连接。对于钢梁和预制混凝土梁，若采用钢加强环与钢梁上下翼板或与混凝土梁纵筋焊接的构造形式来实现，检查钢筋与加强环焊接，采用等强焊接，混凝土梁端与钢管之间的空隙用高一级的细石混凝土填实。加强环的板厚及连接宽度，根据与钢梁翼板或混凝土梁的纵筋等强的原则确定。检查梁、楼板钢筋与钢管束连接节点板尺寸、连接螺栓及其焊缝是否达到设计要求。

6. 钢管柱（束）混凝土浇筑。钢管内的混凝土浇筑工作，应符合现行国家标准《混凝土结构工程施工规范》GB 50666-2011 的规定。管内混凝土可采用从管顶向下浇筑、从管底泵送顶升浇筑法或立式手工浇筑法。混凝土应采用自密实混凝土浇筑；混凝土应采取减少收缩的技术措施；钢管截面较小时，应在钢管壁适当位置留有足够的排气孔，排气孔孔径不应小于 20mm；浇筑混凝土应加强排气孔观察，并应确认浆体流出和浇筑密实后再封堵排气孔；当采用粗骨料粒径不大于 25mm 的高流态混凝土或粗骨料粒径不大于 20mm 的自密实混凝土时，混凝土最大倾落高度不宜大于 9m；当倾落高度大于 9m 时，宜采用串筒、溜槽或溜管等辅助装置进行浇筑。对混凝土不同浇筑法应根据工法特点采取不同措施，保证混凝土质量。当混凝土浇筑到钢管顶端时，选择使混凝土稍微溢出后封板或者混凝土浇灌到稍低于管口位置封板的方式。管内混凝土的浇筑质量，可采用敲击钢管的方法进行初步检查，当有异常，可采用超声波进行检测。对浇筑不密实的部位，可采用钻孔压浆法进行补强，然后将钻孔进行补焊封固。

（五）装配式建筑结构的质量验收要求

加强构件、材料和连接的验收是质量保证的重要环节。装配整体式建筑质量验收应符合现行国家标准，连接施工应逐项进行技术复核和隐蔽工程验收，并应填写检查记录。主控项目和一般项目严格按规范逐一验收后，进行结构分部验收。

四、工程实践

装配式建筑施工绿色低碳环保节能，建筑垃圾和扬尘污染少、噪声小、节水节电、材料可回收利用；不需要模板和脚手架支撑系统，可拆卸式底模可重复利用，减少施工现场的危险源，降低工程费用；制作工业化程度高、工厂生产质量可靠，提升工程质量；施工现场人工省；缩短建造工期、施工速度快；钢结构还有耗用面积小、布局灵活得房率高、钢结构体系抗震性能好等特点。

湖北省首个钢管束剪力墙高层住宅项目，武汉江北雅苑四期 24 号楼项目总建筑面积（不含地下室）10577m^2，地下 1 层、地上 31 层。地下一层层高 4.2m，一层层高 5.1m，二至三十一层层高 3.0m，建筑高度（室外地面至大屋面）99.6m。项目采用钢管束剪力墙组合结构体系进行建设，楼板和屋面均采用焊接式预制装配式钢筋桁架楼承板，外墙和内墙采用预制装配式轻质保温整体灌浆墙和复合条板墙。2017 年 6 月完成了项目钢管束结构筏板基础浇筑，开始结构工程施工，2018 年 1 月主体结构封顶。我们在监理过程中严格控制结构材料，加强焊缝质量和制作精度、节点加强型连接措施、钢管柱（束）吊装、梁与柱连接节点、梁与钢管柱（束）连接节点、钢筋桁架楼层板与梁及钢管柱（束）的连接节点、钢管柱（束）混凝土浇筑等相关要点的监理管控工作，各检验批分项分别按对应的规范进行检查验收。通过建设、施工、监理等各参建单位的共同努力，圆满完成了结构工程施工。2018 年 4 月通过主体结构验收，取得钢管束剪力墙组合结构在现有住宅结构体系的成功应用。

五、结语

发展全寿命周期的绿色建筑和社会劳动生产方式的变革需要建筑工业化，建筑工业一体化是未来发展的必然趋势，也是建筑工业化的目标。一体化装配式建筑是庞大的系统工程，需设计、生产、施工、管理各方共同协作，需综合考虑建筑户型、外立面、结构体系、围护系统、管线系统、钢结构防火、内装等各子系统的协同与集成。各地相继成立了装配式建筑一体化联盟，建立各子系统工业化生产基地，有力推动了装配式建筑的发展。2017 年《装配式混凝土建筑技术标准》GB/T 51231-2016 国家标准的发布为建筑工业化发展奠定了更加坚实基础。随着 BIM 技术在装配式建筑的应用和人工智能技术发展对装配式建筑监理管控提出新要求。对于一体化装配式建筑的子系统结构工程而言应以“等同现浇”概念贯穿监控过程始终，以结构安全可靠为基础，同时以 BIM 技术和人工智能技术创新应用统筹处理各子系统相互关系，在实践中不断积累经验，提升建筑工业化项目管理水平。

参考文献

[1] 中国建筑标准设计研究院，中国建筑科学研究院，住建部．〔2014〕310 号．装配式混凝土结构技术规程（JGJ1-2014）1．北京：中国建筑工业出版社，2014．

[2] 中设建科（北京）建筑工程咨询有限公司，住建部．建质函〔2016〕287 号．装配式混凝土结构建筑工程施工图设计文件技术审查要点．

公路隧道施工监理安全质量控制实施要点

卓效明　周德富
中铁科学研究院四川铁科建设监理有限公司

摘　要：依据多年隧道施工监理的实践，以厦门仙岳山公路隧道施工监理为例，详述了隧道工程安全质量监理要点，内容具有可操作性，可供监理人员和管理人员参考。

关键词：隧道施工监理　安全质量监理要点　监理工作实践的体会

一、工程基本情况

（一）工程概况

厦门仙岳山公路隧道位于厦门市新旧市区和湖里工业区之间，隧道由东西两洞组成，东洞长1071m，西洞长1096m，隧道净宽9.1m，净高6.5m，东西两洞线间距为30m。隧道建成后对改善厦门市的投资环境具有重要意义。

（二）工程地质和水文地质概况

仙岳山山体为向斜构造，洞身岩性为坚硬的流纹岩。有一条12m宽的断层F22，还有许多小断层。北洞口为浅埋、破碎、富水、强风化花岗岩，南洞口临近闹市区。隧道中部地表为地表水分水岭，地质上形成储水构造，地表水可沿着裂隙渗入隧道，F22断层破碎带及北洞口涌水量较大，台风雨季尤为严重。

隧道围岩类型分别是：北洞口120m浅埋破碎带属于Ⅴ级，各条断层破碎带属于Ⅴ、Ⅳ级，洞身为Ⅲ级，临近闹市区的南洞口为Ⅱ级。

（三）隧道施工难点及安全质量监理重点

1. 北洞口120m浅埋、破碎、富水、强风化花岗岩，属于Ⅴ级围岩，为本工程施工难点之一。

2.F22及其他断层破碎带，属于Ⅳ、Ⅴ级围岩，属于危险性大的分部分项工程，应当由施工单位负责编制专项施工方案，经过施工单位技术负责人，总监审批之后实施。

二、施工准备阶段的安全质量监理工作

（一）隧道安全质量控制的依据：《建筑法》《建设工程质量管理条例》《建设工程安全生产管理条例》，隧道施工安全技术规程，隧道设计、施工、监理规范，建设合同、技术标准及图纸。

（二）隧道安全质量控制要点：隧道开挖，不允许欠挖，超挖值应在规范允许范围内，炸药库房与项目部的安全距离不小于300m，炸药、雷管加工操作，爆破器材收发登记管理制度应符合《爆破安全规程》的规定要求。爆破工需持证上岗。初期支护，喷混凝土厚度、强度符合《公路工程质量检验评定标准》。具体目标：钻孔取样的喷混凝土试件平均厚度大于设计厚度，最小厚度大于0.6设计厚度。二次衬砌（钢筋）混凝土的强度、厚度必须满足《公路工程质量检验评定标准》。具体目标：钻孔取样的二衬混凝土90%检查点的厚度大于设计厚度，最小厚度大于0.5设计厚度。喷混

凝土及二衬混凝土强度控制值：平均值大于 1.05 设计值，最小值大于 0.85 设计值。二衬混凝土拆模时间应符合《隧道施工安全技术规程》的要求。

（三）隧道质量通病及整改措施：爆破严重超挖，喷混凝土厚度、强度不足，喷混凝土不够密实，二衬混凝土厚度、强度不足，拱顶空鼓，不够密实。这些是隧道施工常见的通病，整改措施：严格按爆破设计专项施工方案组织施工控制超挖，采用钻芯取样试验的方法检查喷混凝土及二衬混凝土厚度、强度是否符合《公路工程质量检验评定标准》。二衬拱顶空鼓应采用注浆工法充填密实，对于混凝土、砂浆，试块、试件，监理工程师应按《公路工程质量检验评定标准》要求的频率做平行检验，确保工程安全、质量始终处于受控状态。

（四）隧道工程施工安全风险评估及对策

浅埋、富水、软弱围岩及断层破碎带围岩施工过程中易发生突水、突泥，坍塌及塌方等施工安全风险。要求施工单位编制专项施工方案，组织专家论证，严格按专项施工方案组织施工，配合超前地质预报、围岩监控量测、爆破震动速度监测等技术措施，确保施工安全。

（五）严把开工关：专业工程师审查承包单位报送的工程开工报审表，具备开工条件时，由总监签发开工报审表，报建设单位审批后，总监签发《工程开工令》。

（六）审查安全生产管理的监理工作内容、方法和措施是否符合法律、法规及工程建设强制性要求，项目负责人任职资格，安全生产应急预案是否健全、有效。

三、施工阶段的安全质量监理工作

隧道施工主要包括洞口、洞门工程，隧道掘进工程，初期支护工程，防排水工程，二次衬砌工程，不良地质隧道监控量测及超前地质预报工程等，现分述如下。

（一）洞口、洞门分部工程

1. 北洞口隧道进洞前应首先进行洞口超前支护（含小导管、格栅钢架、锚杆、钢筋网、喷混凝土），然后进洞开挖，再施工洞口初期支护，最后施工洞口二次衬砌钢筋混凝土工程，浅埋隧道进洞时应作地表沉降监测，主要工作内容：埋点、超平，并注意监测频率。地表沉降测点应与隧道洞外测量控制网测点定期联系测量。

2. 洞口段施工应避开雨季。洞口土石方开挖，采用控制爆破，禁止采用洞室爆破，隧道门施工，基础必须置于稳固的地基上，虚碴、杂物、积水、软泥必须清除干净，并在雨季来临之前完成。洞口段开挖、支护、二次衬砌施工，依据洞口地质条件，对地面建筑物的影响，选择合适的开挖和支护方式并及时施工二次衬砌混凝土。隧道端墙混凝土应与隧道洞口混凝土同时浇筑。隧道门的排水，截水设施应配合洞口施工，同步完成。

3. 值得重视的施工安全问题

（1）在高于 2m 的边坡上作业时应遵守高空作业的要求。

（2）隧道洞门及端墙施工时，砌体工程脚手架、工作平台应搭设牢固，并设扶手栏杆。

（3）端墙起拱线以上部分施工时应设安全网，防止人员、工具和材料坠落。

（二）隧道洞身掘进分部工程

1. 北洞口 120m 属于Ⅴ级围岩，采用正台阶法开挖，上台阶超前 3 ~ 5m，采用单层水平斜眼掏槽，循环进尺 1m，上台阶采用光面爆破，下台阶采用预裂爆破。

2. 软弱围岩及断层破碎带隧道掘进，Ⅳ、Ⅴ级围岩采用台阶法开挖时，应符合下列规定：

（1）上台阶每循环开挖支护进尺Ⅴ级围岩不应大于 1 榀钢架间距，Ⅳ级围岩不大于 2 榀钢架间距。

（2）边墙每循环开挖支护进尺不大于 2 榀。

（3）仰拱开挖前必须完成钢架锁脚锚管，每循环开挖进尺不大于 3 榀。并及时封闭成环。

3. 开挖工作面与初期支护、二次衬砌之间的距离应在确保施工安全并力求减少施工干扰的原则上合理确定。具体安全步距见监控量测分部工程。

4. 隧道开挖断面应以设计衬砌内轮廓线为基准，考虑预留变形量、测量贯通误差和施工误差等因素适当放大 5cm。

5. 严格按照批准的专项施工方案组织施工，爆破开挖专项施工方案有重大变更时应按照规定程序报安全生产管理部门及专家审批后执行。

6. 洞身掘进的监理重点：开挖之前重点检查爆破专项施工方案是否安全可行。钻爆过程中重点检查是否按照设计组织施工。爆破之后重点进行爆破效果及安全检查，主要检查：开挖断面几何形状是否符合设计要求，分析爆破效果及地质条件的变化，及时调整爆破方案，准备下一循环的钻爆作业。爆破后及时找顶并处理盲炮，修整断面，减少超挖，不宜欠挖。

（三）洞身初期支护分部工程

洞身初期支护分部工程主要包括小导管注浆加固、（格栅）钢架、超前锚杆、径向锚杆、钢筋网、喷射混凝土、超前预注浆等分项工程。安全质量控制包含以下内容但不限于以下内容：

1. 锚杆直径、长度、数量、角度，注浆压力、抗拔力，锚杆注浆饱满度及外露长度检查。

2. 喷混凝土配合比设计，喷混凝土强度、厚度、密实度检查。检查验收方法依据《公路工程质量验收标准》。选择速凝剂时，应根据水泥品种、水灰比，通过不同掺量的混凝土试验选择最佳掺量。使用前应作速凝效果试验，要求初凝时间不大于5min，终凝时间不大于10min。

3. 钢筋网钢筋直径、网格尺寸，钢筋网与锚杆头焊接情况检查。

4. 格栅钢架制作、拼装、安装的质量控制。格栅钢架的主筋直径不小于18mm，钢架应在开挖或喷混凝土后及时架设。

5. 钢架安装应符合下列要求：

（1）安装前清除底部的虚碴及杂物，安装允许误差中线及高程为2cm，垂直度为 ±2°。

（2）钢架安装可以在开挖面以人工进行，各节钢架间以螺栓连接。沿钢架外缘每隔2m应用混凝土预制块楔紧。

6. 钢架应与喷混凝土形成一体，钢架围岩间的间隙必须用喷混凝土充填密实；钢架应全部被喷混凝土覆盖，保护层厚度不小于40mm。

7. 小导管长度、直径、间距、搭接长度，注浆压力、注浆时间、注浆量检查，浆液质量控制。

8. 隧道开挖后自稳时间小于完成支护所需时间时，可以选择下列一种或几种措施组合进行超前支护和预加固处理：（1）喷混凝土封闭工作面；（2）超前锚杆或超前小导管支护；（3）设置临时仰拱；（4）地表锚杆或地表注浆加固。

（四）洞身防排水分部工程

洞身防排水分部工程主要包括洞内排水沟、检查井、施工缝防水、变形缝防水、洞身防水板防水、纵环向排水盲管、围岩注浆防水等分项工程。安全质量控制包括以下内容但不限于以下内容。

1. 监理工程师组织专业工程师审核防水工程开工报告，检查核实开工应具备的各项条件，具备条件时总监适时签发开工令。如果防水工程由具有相应专业资质的防水分包公司承担，监理工程师应审查分包单位资质及相关条件。报总监理工程师批准后准予其进场施工。如果防水分包施工单位拥有专利技术或专长技术，监理单位不应加以阻挠，应让施工单位充分发挥专业优势，更快更好地完成防水工程施工任务。

2. 隧道防水卷材出厂合格证，质量检测报告，性能检验报告，材料进场抽检报告审核确认，防水卷材实物质量检查验收。

3. 防水板试铺试验段施工及验收，重点解决以下问题：基面处理、基面平整度检查验收，防水板搭接长度检查，焊缝充气试验。防水板试验段成品保护。铺设绑扎钢筋时，应注意钢筋焊接火花不得烧焦橡塑制品的防水板，避免发生火灾事故。

4. 防水板悬挂、铺设质量检查。要求搭接平顺，不得出现褶皱，采用无钉铺设工艺时，吊钉数量、间距、深度符合设计文件及相关规范要求。环向盲管，纵向排水管及三通接头连接质量应符合设计要求。

5. 试验段建议搞30m长，摸索总结出各种工艺参数，让现场操作工人熟练掌握各种工序操作，避免各工序相互干扰，以便合理组织施工。试验段施工完毕，由总监组织验收，项目监理机构专业工程师，施工单位项目经理、技术负责人、质量负责人参加验收。必要时邀请设计单位项目专业设计负责人参加。

（五）洞身二次衬砌分部工程

洞身二次衬砌分部工程主要包括洞身模板工程、洞身钢筋工程、混凝土浇筑工程、仰拱混凝土工程、隧底填充混凝土二程等分项工程。安全质量控制包括以下内容但不限于以下内容：

1. 隧道衬砌施工时，其中线、断面和内净空尺寸应符合设计要求。

2. 衬砌不得侵入隧道建筑限界，衬砌施工放样时，可将设计轮廓放大5cm。

3. 混凝土浇筑前及浇筑过程中应对模板、支架、钢筋骨架、预埋件等进行检查；发现问题及时处理，并做好记录。

4. 浇筑二次衬砌混凝土宜合理选择模板衬砌台车、混凝土输送泵和混凝土输送罐车。

5. 衬砌台车的安装应位置准确、连接牢固、顶紧撑牢，严防走动。并按设计的隧道中线和拱顶高程，施工允许误差和拱顶预留沉落量对衬砌断面进行调整。

6. 衬砌混凝土配合比设计审查、确认。

7. 沙石、水泥等原材料质量检查，砂、石含泥量，碎屑及针片状含量检查。

8. 现场混凝土拌合计量装置检查。

9. 仰拱施工前，必须将隧底虚碴、杂物、积水等清除干净，超挖应采用同级混凝土回填。仰拱应超前拱墙二次衬砌，超前距离应保持 3 倍以上拱墙衬砌循环作业长度。仰拱每段浇筑宜一次成型，避免分部浇筑。

10. 仰拱混凝土宜全幅开挖，全幅浇筑，洞内临时道路的开通不得影响仰拱混凝土成品的保护。

11. 初期支护喷混凝土，二次衬砌混凝土内净空宜符合隧道限界要求。

12. 二次衬砌混凝土厚度、强度，平整度宜符合设计要求。

13. 二次衬砌台车，拼装、行走，台车中线与衬砌结构中线测量误差宜不大于 2cm，拱顶高程误差不大于 2cm。

14. 施工缝、变形缝，挡头板，拱顶注浆孔位置、数量、长度宜符合设计及规范要求。

15. 二次衬砌混凝土拆模宜待二次衬砌混凝土强度达到 2.5MPa 时拆模。

16. 对于复合衬砌应依据监控量测资料合理确定二次衬砌施工时间。二次衬砌应在围岩和初期支护变形基本稳定后施作。变形基本稳定是指隧道周边位移速度有明显减缓趋势。拱脚水平相对净空变化速度小于 0.2mm/d，拱顶相对下降速度小于 0.15mm/d，已产生的位移量达到总位移量的 80% 以上。

（六）软弱围岩和不良地质隧道超前地质预报及监控量测分部工程

1. 软弱围岩及不良地质隧道的施工应针对实际情况遵守“超前探，先治水，管超前，严注浆，短进尺，弱爆破，早支护，快封闭，勤量测”的原则。

2. 隧道开挖后初期支护应及时施作并封闭成环，Ⅳ、Ⅴ级围岩初期支护封闭位置距掌子面不得大于 35m。

3. 软弱围岩及不良地质隧道的二次衬砌应及时施作，二次衬砌距掌子面的距离Ⅳ级围岩不大于 90m，Ⅴ级围岩不大于 70m。仰拱与掌子面距离：Ⅳ级围岩不大于 50m，Ⅴ级围岩不大于 40m。

4. 隧道超前地质预报和监控量测应作为关键工序纳入实施性施工组织设计。必须设置专职人员并经培训合格后上岗。

5. 软弱围岩及不良地质隧道应由设计单位进行专项超前地质预报设计；富水破碎断层隧道超前地质预报应采用以水平钻探为主的综合方法。

6. 监控量测操作要点：

（1）根据隧道地质情况、施工方法、断面情况制定监控量测实施方案，制定监控量测基准值。

（2）隧道开挖时要及时对掌子面地质变化和围岩稳定情况进行观察，查看喷混凝土、锚杆和钢架等的工作状态，发现异常时立即采取措施。浅埋地段要做好地表沉降监测和地表观察。

（3）在开挖工作面施工后及时安设测点，并及时取得初读数，测点布置应牢固可靠、易于识别，并注意保护。拱顶下沉和地表下沉量测基点应与洞内或洞外水准点联测，每 15 ~ 20d 应校核一次。

（4）净空变化和拱顶下沉测点布置在同一断面上，并按规定频率做好监测工作。

7. 监控量测主要内容：

（1）隧道超前地质预报，掌子面地质观察与素描。

（2）拱顶沉降。地表沉降量测，边墙净空位移收敛量测。

（3）爆破震动监测：仪器安置选址，传感器安装，测振仪器调试，测振仪器设备标定，振动速度监测资料的分析、应用。

四、隧道监理工作实践的体会

（一）监理是一种集技术、经济、法律、管理为一体的综合管理行为。监理人员应恪守“公证、科学、诚信、自律”的职业道德和不怕苦、不怕累的敬业精神。

（二）监理人员应熟悉本行业设计、施工及监理规范及验收标准，遵循“热情服务，严格监理，秉公办事，一丝不苟的原则”努力学习，不断提高业务水平及管理水平。

（三）日常检查工作监理人员必须亲自参加并认真检查，以理服人，以数据说话，确保工程质量。

（四）隧道是大型隐蔽工程、风险工程，靠目前的勘探技术，在隧道贯通之前，隧道的工程地质及水文地质情况不是很清楚。这些因素在很大程度上决定了隧道施工方案，同时，隧道施工又是循环作业，一天 24 小时各项工序在掌子面附近安全步距范围内不停地进行，监理工程师必须及时地对各工序质量进行检查验收，这给隧道施工监理增加了难度。监理工程师必须有高度的责任心，以工程建设合同、技术规范、技术标准及图纸为依据，综合运用技术、经济、法律、管理的手段搞好隧道监理工作。

参考文献

[1] 公路隧道施工技术规范 JTG F60–2004.
[2] 公路隧道设计规范 JTG D70–2004.
[3] 公路工程质量检验评定标准 JTG F80/1–2017.
[4] 中国建设监理协会．全国监理工程师考试培训教材（第四版）．中国建筑工业出版社，2016.

浅谈装配式住宅预制构件施工监理过程控制

李玉学　朱鹏程
青岛明珠建设监理有限公司

摘　要：青铁华润城项目属青岛市崂山区引进的地标工程，位于青岛深圳路与合肥路交界处青岛地铁2号线车辆维修段盖上，其特点为高层与小高层住宅，7号楼座为装配式，楼板、阳台板、空调板采用预制叠合板，室内楼梯采用预制梯段，主体结构框架剪力墙结构柱、墙、梁采用现浇混凝土。结合实际效果，该种建筑形式节能降耗，减少环境污染，体现了绿色施工理念。为此，做好监理在施工各个环节的监督管理及验收工作，为绿色施工“保驾护航”就显得尤为重要。

关键词：预制装配构件　生产安装　监理控制

一、概述

近些年随着时代的发展与进步，我国的科学技术水平不断提高，建筑业住宅工业化发展势头非常迅猛，住宅产业化的优势凸显。在国家可持续性发展战略的背景下，为更好地保护我们赖以生存的环境，提倡节能环保、降耗、防治扬尘，绿色施工是我们当前建筑业发展的目标和方向。装配式建筑在青岛的推广和发展也正适应目前山东省青岛市全面开展的新旧动能转换的形势。同时通过优化资源配置，降低资源消耗，提高住宅工程质量、功能质量和环境质量，提高住宅建设劳动力生产水平，实现住宅建设可持续性发展，是非常有必要的。

监理作为项目参建方的责任主体，如何将装配式建筑构件从生产、运输、吊装就位、验收全过程进行管控，就需要我们按照青岛市主管部门要求，根据《装配式混凝土建筑质量管理导则》和《装配式混凝土建筑技术标准》GB/T 51231-2016 来进行装配式住宅施工的监理过程控制。

二、工程概况

青铁华润城 PC 项目位于青岛崂山区深圳路与合肥路交界处，地铁 2 号线维修车辆段盖上，7 号楼为装配式结构，地下 2 层，地上 32 层，建筑高度 93.15m，单体总建筑面积 22663.16m^2，其中地上建筑面积 21425.16m^2，地下建筑面积 1238.00m^2，装配式为地上一层至三十二层。本项目 PC 构件为预制桁架筋叠合板、预制空调板、预制楼梯，其他部分为现浇。

三、预制构件的生产制作过程监理

为确保 PC 构件在工厂生产环节质量可控，成品装配预制构件进场验收符合设计要求，按导则（试行）规定，受建设单位委托，监理项目部派专业监理人员驻场监造。

本工程预制构件采用工厂化流水生产，各种预制构件采用定型化模具，叠合板模板主要采用平躺方式，由底模、外侧模和内侧模组成，板正面和侧面全部和模板密贴成型，翻转主要利用专用夹具，转 90° 正位。监理在制作前对模板安装进行细致检查，保证脱模后混凝土观感质量以及外观尺寸、预留预埋位置满足要求。

工艺流程：

模台清理→模具组装→钢筋及钢筋网片安装→预埋件及水电管线等预留→隐蔽工程验收→混凝土浇筑→养护→脱模、起吊→成品保护→入库

（一）模台清理、模具组装

模具为钢模具，由底模和侧模构成，底模为定模，侧模为动模，易于组装和拆模。模具摆放场地坚固平整，以避免由于场地因素导致的扭翘和变形。模具组装前，先将模台清理干净，保障模板接触面平整度、板面弯曲、拼装缝隙严密，组装时需涂刷脱模剂，接触面不许有划痕、锈蚀和氧化层脱落现象。模具组装完成后的净尺寸比构件尺寸小 1 ~ 2mm，允许偏差及检测方法需满足规范规定。

（二）钢筋及钢筋网片安装

模具组好并清理干净后，进行钢筋和钢筋网片安装铺底工作，钢筋骨架、钢筋网片在满足构件制作图的情况下入模时还应符合以下要求：

1. 钢筋骨架入模时应平直、无损伤，表面不得有油污或锈蚀。

2. 骨架吊装时应采用多吊点的专用吊架，防止骨架变形。

3. 保护层垫块采用塑料类垫块，且应与钢筋骨架或网片绑扎牢固，垫块间距满足钢筋限位及控制变形要求。

4. 钢筋骨架或网片装入模具后，应按图纸要求对钢筋位置、规格、间距、保护层厚度等进行检查，允许偏差及检查方法应符合规范规定。

（三）隐蔽工程安装及验收

铺底时，预埋件、水电管线、拉结件、预留孔洞应按图纸进行配置安装，且应满足吊装，施工的安全性、耐久性和稳定性要求。允许偏差及检验方法应符合规范规定。隐蔽工程验收完成前应对预制构件的钢筋以及各种埋件进行隐蔽检查验收，进场材料质量证明文件齐全，相应材料复试报告结论合格，形成书面记录，以证明满足结构性能的质量控制。如未达到验收要求，不得进行下道工序施工。

（四）混凝土浇筑

混凝土浇筑时应符合下列要求：

1. 应均匀连续浇筑，投料高度不宜大于 500mm。

2. 应保证模具、预埋件、拉结件不发生变形或移位。

3. 从拌合料到浇筑完成间歇不超过 40min。

4. 应振捣密实。

（五）混凝土养护

混凝土浇筑后采取蒸汽养护，预养时间为 1 ~ 3 小时，升温速率应为 10℃ ~ 20℃ /h，降温速度不宜大于 10℃ /h。

叠合板钢筋隐蔽

（六）脱模、起吊

构件拆除蒸汽养护罩时，温差应小于 20℃，已避免由于温差过大造成的表面裂缝。

脱模应严格按照顺序拆除模具，严禁使用振动方式拆模。

1. 预制件与模具之间的连接部分完全拆除后方可进行脱模、起吊，起吊时应平稳，楼板应采用专用多点吊架起吊。

2. 脱模后外观质量应符合规范规定，做到不应有影响结构性能的破坏、裂缝等缺陷。

（七）成品验收

该环节是驻场监理的一项重要工作，是对产品质量的检验。叠合板工厂成型出厂前进行验收，应检查项目包括：

1. 外观质量（包括粗糙面成型、表面观感等）。

2. 外形尺寸。

3. 预埋预留点位准确性。

外观质量和外形尺寸应符合规范规定和设计要求，并形成出厂质量验收表。

（八）标识及储存

存放场地应平整并有足够承载力，避免由于场地原因和存放过程中受力不均导致开裂和损坏。

建立构件编码标识制度，在所生产的每个构件显著位置进行唯一性二维码

楼梯梯段钢筋隐蔽

标识，并提供构件出厂验收表。

四、预制构件存放过程监理

合格的产品成型后必须要有相应的场地进行存放，并保证成品保护到位，不至于受内外因素影响而损坏。监理人员应注意：

（一）存放场地选择地面硬化，满足平整度和地基承载力要求且排水措施良好的场所。

（二）构件的存放架应有足够的刚度和稳定性，监理人员提前检查。

（三）预制构件存放应按构件种类合理分区，并应按照型号、生产日期分类存放，对不合格产品应分区单独存放集中处理。

（四）梁类构件放置是平放且不宜超过两层；楼板类不宜超过七层。

（五）预埋吊件应朝上，标示宜朝向堆垛间通道，方便识别。特别注意存放构件时，每层构件的垫块应上下对齐，堆垛之间层数应根据构件、垫块承载力确定，并应采取防倾翻措施。

五、预制构件运输过程监理

工厂化预制构件运输，由于城市高架、桥梁道路限制，建筑构件体型高大异性，重心不一，一般运输车辆不宜装载，因此，需要改装降低车辆装载重心高度，并设置车辆运输稳定专用固定支架，预制叠合板、预制阳台板和预制楼梯采用平放运输。

运输前，驻场监理应审查制作单位上报的运输方案是否可行，重点审查运输质量及安全的保证，排除不利因素，合理规划路线，提出审查意见，方案通过后按方案实施。注意事项有：

（一）叠合板、空调板、阳台板、楼梯梯段平放层叠式运输，板不宜超过6层，楼梯不宜超过4层，层间用木方隔开。

（二）选用低跑平板运输车。

（三）构件上车后用麻制缆绳捆绑，且缆绳与构件接触部位放置毛毯、毛毡布等材料，防止磨损构件。

（四）装车前，根据工地吊装顺序做好装车次序表，严格按照装车次序装车，减少到场后吊装时间。监理工程师应做好相应协调工作，为进场顺利吊装构件做准备。

六、预制构件现场施工吊装过程监理

（一）作为现场监理，应审查总包单位报审的装配构件现场吊装方案，经监理和建设方审查后实施。在实施中监理人员要控制以下要素：

1. 塔吊设备选型

（1）塔吊型号选择需要考虑塔吊的详细平面定位尺寸、扶墙位置、高度及数量，使塔吊在现场的施工过程中满足安全、经济、方便、实用的工作要求。

（2）塔吊型号选择必须满足最重构件的起吊和经济性的要求，塔吊布置位置应安拆方便。

（3）塔吊位置定位必须满足塔吊使用说明书中的相关要求。

（4）将PC构件较为典型的重量标识在吊装布置图上（如楼梯重量、最大叠合板、塔吊臂最远处），并将塔吊覆盖半径范围吊重予以标识。

（5）最后根据工艺设计图纸，以及上述（1）~（4）条要求综合考虑。

2. 流水施工段划分设计

（1）保证流水施工的连续、均衡，划分的各个施工段上，同一专业工作队的劳动量应大致相等。

（2）为了保证结构的整体性，施工段的界限应尽可能与结构界限相吻合，或设在对结构整体性影响较小的部位。

3. 场内临时道路及堆场设置

（´）场区内必须设置构件堆放场区，场区存放量满足两个施工段（或一个标准层）内的构件吊装要求，防止因各种因素出现的构件不能运送耽误现场的正常施工。

（2）场内临时道路需组织构件厂家、运输单位以及相关单位联合勘验，保证运输路线满足运输的实际需求。

4. 构件吊装监理现场旁站

（1）吊装过程中，因处在施工交叉作业口，有极大的安全风险存在，故应加强安全监控力度，现场设定专职监理安全监督员。监督和检查现场作业人员持证上岗，经安全教育培训安全交底工作到位，同时评估现场作业环境，施工场地满足施工水平和垂直材料运输，必须设置临时警戒区域，用警示带作围栏，重点位置设置警示牌，谨防非施工人员进入。

2）某一施工段进行吊装作业时，该区段内严禁其他工序有作业人员施工。吊装过程中项目专职安全员必须全过程现场监督实施情况。

（3）规划好构件吊装路线并与塔吊司机及信号工交底，地面吊装路线区域内做好警示措施，吊装过程中禁止任何无关人员进入。

（二）按施工方法及工艺要求实施监理

1. 堆放PC构件

（1）叠合板堆码存储注意事项：

1）宜采用平面叠放方式，叠合板不得倾斜。

2）堆码层数不宜超过6层，并按“上小下大”的原则堆码。

3）每层构件间宜采用垫木垫放，且保证在同一垂直线上。垫木宽度≥60mm，垫木高度≥80mm，吊顶、马镫筋等预埋件与上层板的间隙≥15mm。

4）板端垫木离板端面不宜大于300mm，中间垫木间距不宜大于1.5m。

5）板上不得堆放其他重物。

（2）楼梯堆码存储注意事项

1）宜采用平放方式。

2）不同类型楼梯应分别堆垛，叠放层数不宜大于4层。

3）叠放楼梯之间需用4根100×100×500木方垫，木方与楼梯方向平行放置，木方端部放置位置在第二步和第三步之间，两侧位置离楼梯侧边约250mm。

4）垫木层与层之间应垫平、垫实，各层支垫应上下对齐。

（3）空调板码放存储注意事项：

1）宜采用叠放方式。

2）层与层之间垫平、垫实，各层支座应上下对齐，垫木距空调板边B/5（B为板长），码放一般不超过8层。

构件堆放

2. 吊装工作工艺流程

（1）叠合板及空调板吊装工艺流程

放立杆位置控制线→搭设立杆→安放顶托及木方→立杆标高抄测→确认起吊构件编号→安装吊具→安装缆风绳→构件起吊→构件静停→构件落位→构件校核→取出吊具→构件安装质量验收

（2）叠合板及空调板安装要点

1）立杆标高抄测

①用激光标线将1m标高线引测至立杆上。

②用卷尺或标杆测量木方底距标高线的距离。

③通过调节顶托确定木方标高。

2）叠合板及空调板吊装要点

①应采用平衡梁垂直起吊。

②当塔吊将构件吊离地面或车辆时，检查构件是否水平，各吊点的受力是否均匀，构件达到水平，方可继续起吊。

③应保证起重设备的吊钩位置、吊具及构件重心在垂直方向上重合，吊索与吊梁水平夹角不宜小于60°，且不应小于45°。

④吊钩需同时勾住桁架筋的上弦筋和腹筋。

⑤根据图纸所示构件位置以及箭头方向就位，就位同时观察楼板预留孔洞与水电图纸的相对位置（以防止构件厂将箭头编错）。

3）构件校核要点

①检查两相邻叠合板拼缝。

②检查两相邻叠合板平整度。

③确认支撑受力均匀无松动。

4）构件安装质量验收

①检测楼板安装标高及方向是否正确。

②用2m靠尺及塞尺检测板底拼缝高低差。

（3）楼梯工艺流程

弹出楼梯梯段断线及边线→楼梯梯段支撑面标高复核→楼梯梯段支撑杆复核→选配上下吊点钢丝绳→安装吊具及缆风绳→构件起吊→构件静停→构件落位→构件校核→取出吊具→构件安装质量验收

1）楼梯安装梯段吊运要点

①根据施工图纸，核对构件尺寸、质量、数量等情况，查看所进场构件编

叠合板安装要点 表1

项目	允许偏差	检查方法
叠合楼板安装标高	±5mm	水准仪或尺量检查
叠合楼板搁置长度	±10mm	尺量检查
相邻板底接缝高差	5mm（不抹灰3mm）	钢尺、塞尺量测

选择上排吊点钢丝绳

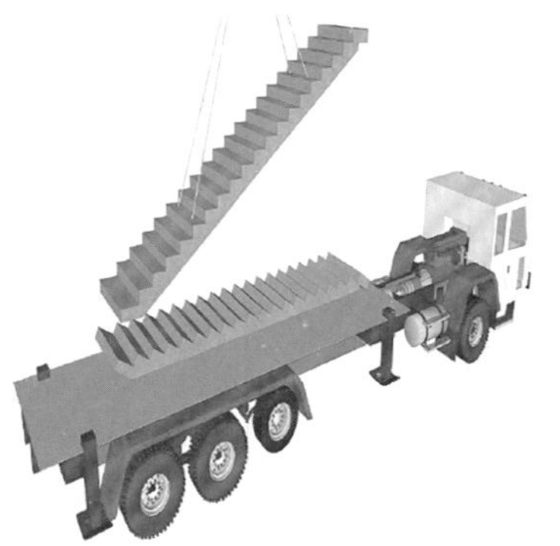
塔吊吊钩应与钢丝绳合力中心重合

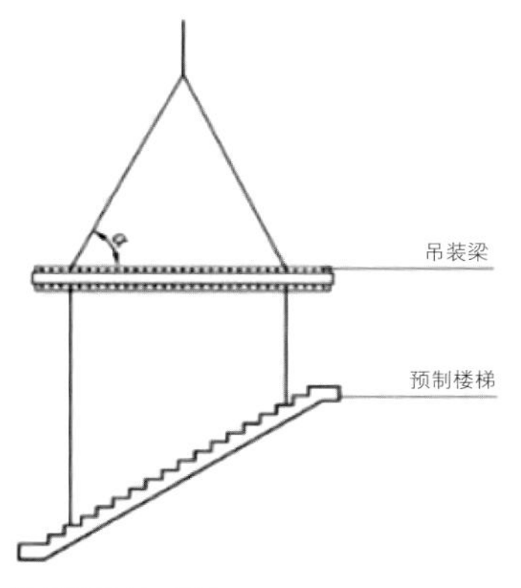

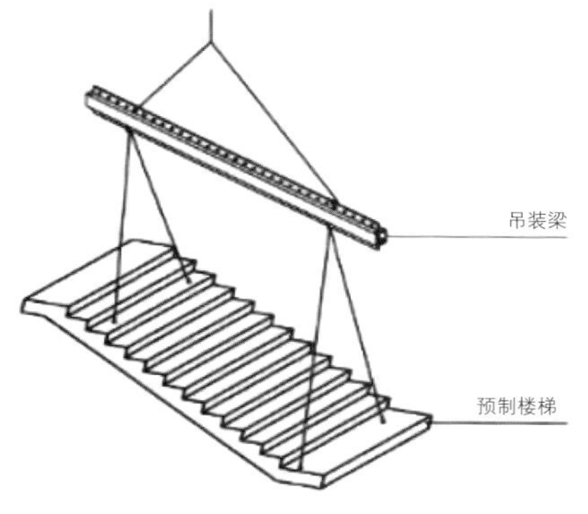

楼梯梯段吊运要点

号，并做好详细记录。

②根据构件形式选择合适的吊具，因楼梯为斜构件，吊装时用3根同长钢丝绳四点起吊，楼梯梯段底部用2根钢丝绳分别固定两个吊钉。楼梯梯段上部由1根钢丝绳穿过吊钩两端固定在两个吊钉上（下部钢丝绳加吊具长度应是上部的两倍）。

③采用吊装梁设置长短钢丝绳保证楼梯起吊呈正常使用状态，吊装梁呈水平状态，楼梯吊装钢丝绳与吊装梁垂直。

④主吊索与吊装梁水平夹角 α 不宜小于60°。

⑤就位时楼梯要从上垂直向下安装，在作业层上空30mm左右处略做停顿，施工人员手扶楼梯调整方向，将楼梯板的边线与楼梯梁的安装控制线对准，放下时要停稳慢放，严禁快速猛放。

⑥基本位置就位后用撬棍微调楼梯板，直到位置正确，搁置平整。注意标高正确，校正后再脱钩。

⑦楼梯吊装时，与楼梯有关联的剪力墙、柱等构件的混凝土必须浇筑完成，避免后期无法施工。

2）楼梯梯段落位及构件校核要点。

①构件落位应缓慢落位，严禁猛起猛落。

②复核梯段与墙面安装缝隙和支撑处的安装缝隙，并检查梯段的两侧是否在同一水平面上。

③核实梯段支撑与楼梯梁上长度。

（三）预制构件质量验收

1. 预制构件进场验收

项目监理部专业监理工程师应对总包单位上报每批构件进场记录进行复核，复核结果形成文字记录，详细记载构件的尺寸、外观质量、配筋等情况，复测结果应符合表2要求。

2. 测量验收

每一作业区测量工作完成后，总包测量小组进行自检，自检合格后形成文字记录上报项目监理部门复测，复测结果符合要求后通过验收。

3. 预制构件安装验收

每工作面预制构件安装完成后，经吊装小组进行自检合格后形成文字记录上报监理项目部，由监理项目部专业监理师对作业区的吊装工作进行复测，结果符合表2要求，满足要求后该检验批通过验收。

七、总结

（一）监理质量控制

施工中，监理按照预制构件的制作及现场施工安装两个大环节进行质量控制。预制构件制作过程中对钢模板、预埋件及预留洞等多个环节制定严格的检测程序，明确检测项目、检测方法、控制允许偏差等。预制构件在出厂装车前，对于出模混凝土强度、预制板板长、板厚度、侧向弯曲及外面翘曲、预制板对角线差等多个方面进行监控。在预制叠合板吊装浇筑混凝土前对每层楼板的完

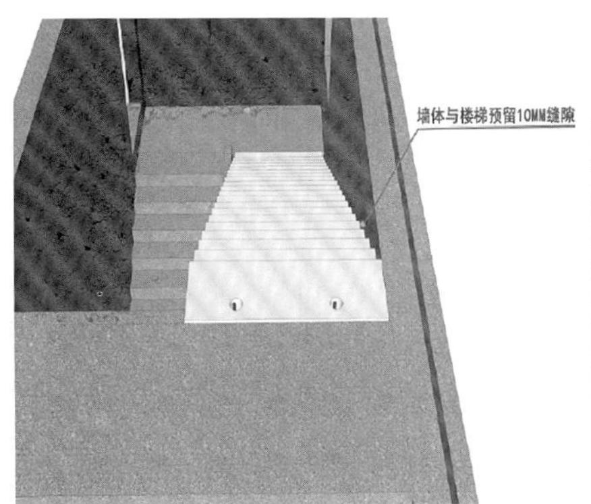

复核梯段与墙面安装缝隙和支撑处的安装缝隙

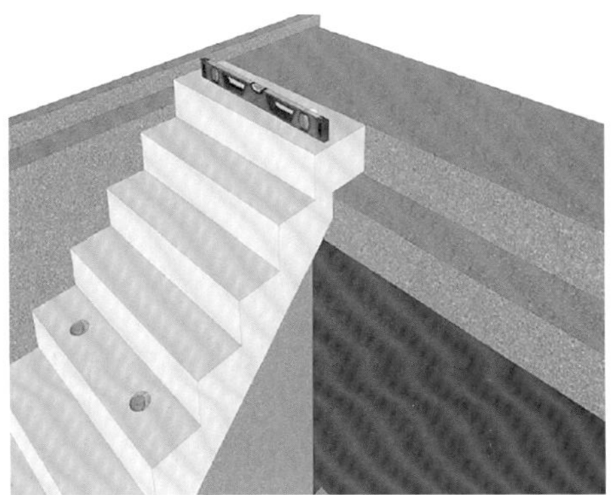

检查梯段两侧的是否在同一水平面上

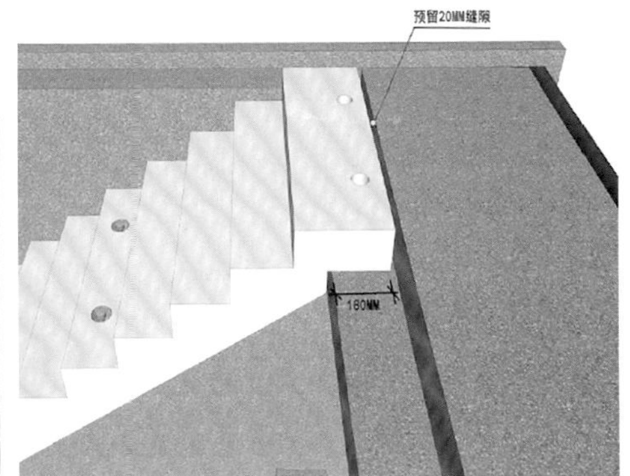

梯段支撑二梁上的长度

预制构件外形尺寸允许偏差及检验方法　表2

项目	允许偏差（mm）		检验方法
长度	叠合楼板	±5	钢尺检查
宽度、高（厚）度	叠合板	±5	钢尺量一端及中部，取其中偏差绝对值较大处
对角线差	叠合楼板	10	钢尺量两个对角线
预埋件	预埋板中心线位置	10	尺量检查
	预埋螺栓、预埋套筒中心位置	2	
	预埋螺栓外露长度	+10，-5	
预留孔	中心线位置	5	尺量检查
	孔尺寸	±5	
预留洞	中心线位置	10	尺量检查
	洞口尺寸	±10	
主筋、箍筋数量	所有预制构件	0	对照图纸检查
主筋保护层厚度	叠合楼板	±3	钢尺或保护层厚度测定仪量测检查
侧向弯曲	叠合楼板	L/750且≤20	拉线、钢尺量最大侧向弯曲处

注：当采用计数检验时，除有专门要求外，合格点率应达到80%及以上，且不得有严重缺陷，可以评定为合格。

项次	项目		允许偏差（mm）	检验方法
1	轴线偏移	中心线位置	3	尺量检查
2	标高闭合	中心线位置	3	水准仪、塔尺检查
3	建筑物垂直度	全高	1/1000全高且不大于30mm	经纬仪检查
4	建筑物高度	全高	30	尺量检查

项目			允许偏差（mm）	检验方法
构件中心线对轴线位置	基础		15	尺量检查
	竖向构件（柱、墙板、桁架）		10	
	水平构件（梁板）		5	
构件标高	梁、板底面和顶面		±5	水准仪、塔尺检查
构件垂直度	柱、墙板	<5m	5	经纬仪检查
		≥5m且<10m	10	
		≥10m	20	
构件倾斜度	梁、桁架		5	垂线、钢尺量测
相邻构件平整度	板端面		5	钢尺、塞尺量测
	梁、板下表面	抹灰	5	
		不抹灰	3	
	柱、墙板侧表面	外露	5	
		不外露	10	
构件搁置长度	梁、板		±10	尺量检查
支座、支垫中心位置	板、梁、柱、墙板、桁架		±10	尺量检查
接缝宽度	板	<12m	±10	尺量检查

好性（放置方式正确、有无缺损、裂缝等）、板与板的缝宽等进行检查和纠正。

在整个施工质量控制流程中，制定了多套检测计划表，由厂方、总包、监理单位共同验收并签发，使预制构件质量从厂内制作到现场最终安装完毕始终处于受控状态。

（二）装配式建筑与传统建筑对比分析

通过对青铁华润城项目7号楼预制装配式住宅施工中经验反馈发现：

1. 所有装配式构件采用吊装就位，提高了施工工效。

2. 现场的模板制作，钢筋绑扎和混凝土浇筑量大大减少。

3. 施工现场的用水、用电、脚手架、模板等能耗指标明显下降。

4. 废弃物、噪声及光污染得到有效控制。

5. 大量采用垂直运输机械作业，机械化施工程度高。

6. 预留预埋水电洞口二次深化设计必须与原设计及构件厂家协调统一，避免出现后开洞现象。

7. 施工工序的控制与施工技术流程的安排更严密。

8. 施工过程中的安全保障措施特殊。

9. 规范化的施工操作对施工人员的技能要求高。

参考文献

[1] 装配式住宅建筑设计标准 JGJ/T 398—2017.
[2] 施工企业安全生产管理规定 GB 50656—2011.
[3] 建筑施工安全检查标准 JGJ 59—2011.
[4] 建筑工程施工质量验收统一标准 GB 50300—2013.
[5] 装配式混凝土建筑技术标准 GB/T 51231—2016.
[6] 混凝土结构工程施工质量验收规范 GB 50204—2015.
[7] 建设工程监理规范 GB/T 50319—2013.
[8]《装配式混凝土建筑质量管理导则》青岛市城乡建设委员会 2017 年 11 月 15 日发布.

某军事掩体工程C120混凝土配置研究与应用

刘伟[1]　徐磊[2]　刘磊伟[3]　田亮[4]

1、2西安四方建设监理有限责任公司；3、4河南扬帆建筑工程有限公司

摘　要：根据甲方要求，结合当地材料特性，利用掺入诸如减水剂一类外加剂、矿物粉料的技术路线制备C120高强混凝土。研制中分别对水胶比、胶凝材料、硅灰、砂率、矿物掺合料等用量对混凝土性能的影响得出结论，据此通过改变减水剂种类、矿物粉料掺量、水胶比等影响因素，从而制备出满足强度要求的混凝土，并且采取合理施工措施使混凝土浇筑质量得以保证。

关键词：C120　超高强混凝土　水胶比　砂率　硅灰　矿物掺合料

一、引言

高强混凝土是指采用常规的水泥、砂石为原材料，使用一般的制作工艺，依靠添加高效减水剂或同时添加一定数量的活性矿物材料，使新拌混凝土拥有良好的工作性能，并在硬化后具有高强度、高密度性能的水泥混凝土。一般把强度、等级为C60及其以上的混凝土称为高强混凝土，C100强度等级以上的混凝土称为超高强混凝土。

高强混凝土对承压构件有显著的技术经济效益，它不仅可缩小构件截面、减小混凝土用量，还能降低成本。在高层建筑中应用可减小低层梁柱截面并增加使用面积、扩大建筑的使用面积，如屋盖混凝土由C40提高到C60，体积缩小20%，造价降低15%；柱子混凝土由C30改为C50，用钢量减小40%，造价降低17%。

某军事掩体采用C120混凝土作为主要结构材料建造，此超高强混凝土在当地无供货商，甲方下拨资金要求监理单位联合施工单位依靠自身技术力量进行研发，监理、施工单位抽调技术过硬且有科研能力的精兵强将组建C120超高强混凝土研制组。研制组结合地方材料，采用掺入高效减水剂和超细矿物掺合料的双掺技术路线，通过调整水胶比、水泥用量、砂率和矿物掺合料的方法分析影响混凝土强度和施工性能的因素，从而确定出混凝土最优配合比。

二、试验

（一）原材料

1. 水泥：秦岭P. Ⅱ 52.5水泥

2. 矿物掺合料为矿碴、粉煤灰和硅灰，其中矿碴为矿粉，比表面积8400cm^2/g；粉煤灰是超细粉煤灰，比表面积11000cm^2/g；硅灰为埃肯硅灰，比表面积200000cm^2/g。

3. 细骨料：灞河河沙，细度模数M=2.3，中砂。

4. 粗骨料：山碎石，最大粒径25mm，5~15mm和15~25mm两种粒级配合使用。

5. 减水剂：聚羧酸减水剂，固体含量20%。

6. 水：自来水。

（二）试验方法

1. 搅拌：采用三次投料方式搅拌，即先将水泥、矿物掺合料等胶凝材料和细骨料在搅拌机搅拌1.5分钟，然后加水及外加剂搅拌2.5分钟，最后投入粗骨料搅拌1.5分钟即可出料。

2. 流动性测试：即混凝土拌合物的

坍落度试验，按照《普通混凝土拌合物性能试验方法标准》GB/T 50080–2016进行测试。

3. 倒筒时间测定：将坍落度筒倒置，装满混凝土抹平，迅速提起坍落度筒，筒底部离地面50cm，测定混凝土流空的时间。

4. 成型、养护：装入混凝土试模成型，在标准养护室（温度20±1℃、湿度98%）养护至规定龄期。

5. 强度测试：按照《普通混凝土力学性能试验方法标准》GB/T 50081–2002进行强度测试，试件尺寸为100mm×100mm×100mm立方体，强度数据暂未考虑尺寸效应影响系数。

三、设计变量对混凝土性能影响因素研究

试验以单因素试验的方法分别研究了水胶比、砂率、硅灰掺量及矿物掺合料四种变量对制备的混凝土施工性能和强度的影响，现作详细介绍。

（一）水胶比影响

水胶比是混凝土配合比设计中最重要的变量之一，它的大小直接影响混凝土的质量，一般在充分密实的条件下，水胶比越小，水泥石越密实，强度越高，反之则亦然。根据相关学者的研究成果，水胶比是控制超高强混凝土强度的关键因素，当水胶比为0.2时，可以制得120MPa以上强度的混凝土（28天龄期）。试验中所选用的水胶比范围为0.18~0.24，研究在此范围内强度的变化，在确定胶凝材料、用水量和砂率后，外加剂掺量以混凝土拌合物出料时坍落度达到250~280mm时的用量为准。如表1所示。

试验中研究了0.18、0.2、0.22和0.24四个水胶比条件下混凝土强度及其发展情况，见表2。从表2中可得出，对于早期和28d强度，混凝土强度随着水胶比的减小而增大，究其原因，是因为水泥石密实效果好，水化更加充分，提高了混凝土强度；强度增长速率上，3d强度增长最为迅猛，强度可达到70~80MPa，增长速率可达到25~30MPa/d；当水胶比低于0.2时，混凝土28d强度可以达到120MPa以上。

（二）砂率影响

有关学者的研究结果表明，若采用中砂配制100~150MPa的高强混凝土时，存在40%的最佳砂率，过高或过低的砂率都会导致流动性和强度降低。

本次试验以40%砂率作为基准，配置了38%、41%、44%和47%四种砂率对混凝土的施工性能和强度进行研究，试验结果见表3。

从表3可知，砂率的变化对混凝土的流动性影响不大，坍落度基本在250~266mm之间；砂率对混凝土黏性影响较大，当砂率为41%时，倒筒时间12.7s最大，若倒筒时间超过14s以后，拌合物黏性增大，流动性变差，不易成型。

随着砂率的增加，混凝土强度随之降低（28d和91d），28~91d的强度增长率有下降趋势，甚至47%砂率混凝土强度增长率为负值，见表4。

出现以上现象究其原因，主要是砂率的增加使混凝土骨料的表面积增大，孔隙增多，相比之下水泥浆就显得少，削弱了水泥浆润滑作用，因此拌合物黏性降低，混凝土强度也随着孔隙率的增大而降低。

不同水胶比的混凝土试验结果　　表1

编号	水泥（kg/m³）	粉煤灰（kg/m³）	硅灰（kg/m³）	矿碴（kg/m³）	细骨料（kg/m³）	粗骨料（kg/m³）	水（kg/m³）	水胶比	外加剂（%）	坍落度（mm）	倒筒时间（s）	28d强度（MPa）
1	360	112	32	56	600	760	134.4	0.24	2	273	5	112.7
2	360	112	32	56	600	760	123.2	0.22	2	273	5.1	115.5
3	360	112	32	56	600	760	112	0.2	2.4	254	6.2	120.5
4	360	112	32	56	600	760	100.8	0.18	2.5	258	7.8	126.4

不同水胶比影响下混凝土强度数值　　表2

水胶比	强 度（MPa）			强度增长率（MPa/d）		
	3d	7d	28d	0~3d	3~7d	7~28d
0.18	87.5	96.3	126.4	29.2	2.2	1.4
0.2	88.1	102.8	120.5	29.4	3.7	0.8
0.22	75.8	90.1	115.5	26.3	3.6	1.2
0.24	77.3	91.2	112.7	25.8	3.5	1.0

不同砂率的混凝土试验结果 **表 3**

编号	水泥（kg/m^3）	粉煤灰（kg/m^3）	硅灰（kg/m^3）	矿碴（kg/m^3）	细骨料（kg/m^3）	粗骨料（kg/m^3）	水（kg/m^3）	砂率（%）	外加剂（%）	坍落度（mm）	倒筒时间（s）	28d强度（MPa）
1	360	112	32	56	520	840	112	38	2.2	263	11.0	115.7
2	360	112	32	56	560	800	112	41	2.2	258	12.7	114.0
3	360	112	32	56	600	760	112	44	2.2	251	8.5	107.5
4	360	112	32	56	640	720	112	47	2.2	266	5.5	110.5

不同砂率影响下混凝土强度数值 **表 4**

砂率（%）	强度（MPa）				强度增长率（MPa/d）			
	3d	7d	28d	91d	0~3d	3~7d	7~28d	28~91d
38	72.5	98.3	115.7	121.5	24.2	6.5	0.83	0.09
41	78.3	95.1	114.0	115.9	26.1	4.2	0.9	0.03
44	75.2	99.4	107.5	110.5	25.1	6.1	0.39	0.04
47	75	95.0	110.5	109.2	25	5.0	0.74	-0.02

不同硅灰掺量的混凝土试验结果 **表 5**

编号	水泥（kg/m^3）	粉煤灰（kg/m^3）	硅灰（kg/m^3）	矿碴（kg/m^3）	细骨料（kg/m^3）	粗骨料（kg/m^3）	水（kg/m^3）	硅灰掺量（%）	外加剂（%）	坍落度（mm）	倒筒时间（s）	28d强度（MPa）
1	360	80	40	80	600	760	112	7.1	2.2	254	7.5	116.2
2	360	112	32	56	600	760	112	5.7	2.2	256	7.8	118.4
3	360	144	24	32	600	760	112	4.3	2.2	245	7.1	115.2
4	360	176	0	24	600	760	112	0	2.2	264	8.8	102.1

不同硅灰掺量的混凝土强度数值 **表 6**

硅灰掺量（%）	强度（MPa）			
	3d	7d	28d	91d
0	62.1	85.2	103.4	120.1
4.3	72.5	94.1	112.3	109.5
5.7	73.4	97.3	118.2	115.3
7.1	78.1	96.3	117.4	119.1

试验中 38% 和 41% 两组混凝土和易性好、强度高，这一现象恰好与有关学者关于配制高性能混凝土时控制倒筒的流下时间在 8~15s 时，可使混凝土具有良好的粘聚性、保水性、流动性的观点一致。因此本试验中 38%~41% 砂率是最优砂率。

（三）硅灰掺量的影响

硅灰又称硅粉，平均粒径 0.1~0.2μm，比表面积为 2000~25000m^2/kg，活性 S_iO_2 含量高达 90% 以上，活性极高，在配置混凝土时可取代 5%~10% 水泥用量，也可改善混凝土拌合物的和易性，降低水化热，提高混凝土抗侵蚀、抗冻性等性能。

但硅灰价格高且加大混凝土的自收缩，综合考虑硅灰的不利影响，试验时确定硅灰掺量控制在胶凝材料总用量的 0~8% 之间，从而研究硅灰不同掺量对混凝土性能的影响，试验结果见表 5、表 6。

从表 5、表 6 试验结果可知，硅灰主要提高混凝土的早期强度，对后期强度贡献不大，甚至有降低后期强度趋势。如未掺硅灰的混凝土 3d 强度为 62.1MPa，掺入 7.1% 硅灰的混凝土 3c 强度为 78.1，强度相对增加了 25.8%；未掺硅灰的混凝土 28d 强度为 103.4MPa，掺入 7.1% 硅灰的混凝土 28d 强度为 117.4，强度相对增加了 13.6%；未掺硅灰的混凝土 91d 强度为 120.1MPa，掺入 7.1% 硅灰的混凝土 28d 强度为 119.1MPa，强度相对增加了 -0.83%。

未掺入硅灰的混凝土早期强度发展缓慢，但后期强度，尤其是 91 天强度增长明显，可超过掺入硅灰的混凝土。

在实用中考虑硅灰掺量增大后对混凝土的收缩可能造成不利影响，建议硅灰掺量不宜超过7.1%。

（四）矿物掺合料掺量的影响

矿物掺合料是由硅灰、超细矿碴和粉煤灰构成，超细矿碴在混凝土中可取代等量水泥，粉煤灰可提高混凝土后期强度，具有充填、滚珠，也可降低混凝土早期温升，抑制开裂的作用。根据有关学者研究成果，超高强混凝土常采用“双掺”或“多掺”矿物掺合料的方法，同时以20%的超细矿碴和10%的硅灰置换等量水泥，混凝土56d抗压强度达到140MPa。

依据相关学者经验，在根据叠加效应原理，试验中采用21%~43%的矿物掺合料，研究不同掺量对混凝土施工性能和强度影响，试验结果见表7。

从表7中看出，矿物掺合料掺量在21%~36%时，其掺量的改变对混凝土拌合物施工性能改善不明显；当掺量达到43%，混凝土和易性得到明显改善，坍落度与29%掺量的相比增加了16mm，倒筒时间也减少了0.6s。

从表8中得知，3d强度最高的是矿物掺合料掺量为21%的试组，强度偏低的是矿物掺合料掺量43%的试组，原因在于矿物掺量少而水泥用量偏大，使其早期强度偏高。28d各试组强度相差不大，原因在于矿物掺合料参与了后期的水化反映，使矿物掺合料多的试组后期强度显著提高，强度与水泥用量多的试组相当。

（五）确定最终配合比

综合混凝土施工性能和强度，对16个配合比试组进行筛选，最终选取矿物掺合料掺量为21%试组的配合比作为C120混凝土生产施工配合比。

四、生产应用

（一）质量控制

于2015年12月开始生产混凝土并对掩体工程进行一次性连续浇筑，耗时10h。现场测试混凝土坍落度200~220mm，无离析、泌水现象，和易性良好，同时留取13组试件，进行强度离散性试验，试验数据见表9。

从表9可看出，本批次浇筑的混凝土强度平均值为135MPa，达到了C120强度等级要求；均方差为5.56MPa，强度值集中，离散程度小，混凝土质量较

不同矿物掺合料掺量的混凝土试验结果　表7

编号	水泥（kg/m³）	粉煤灰（kg/m³）	硅灰（kg/m³）	矿碴（kg/m³）	细骨料（kg/m³）	粗骨料（kg/m³）	水（kg/m³）	矿物掺合料掺量（%）	外加剂（%）	坍落度（mm）	倒筒时间（s）	28d强度（MPa）
1	320	134.4	38.4	67.2	600	760	97.6	43	2.2	236	12.4	128.4
2	360	112	32	56	600	760	97.6	36	2.2	221	20	130.5
3	400	89.6	25.6	44.8	600	760	97.6	29	2.2	220	13	122.0
4	440	67.2	19.2	33.6	600	760	97.6	21	2.2	229	15	135.5

不同矿物掺合料掺量的混凝土强度数值　表8

矿物掺合料掺量	强度（MPa）		
	3d	7d	28d
21%	108.1	113.4	134.5
29%	88.4	103.2	120.2
36%	102.1	115.7	129.4
43%	98.4	110.2	123.5

矿物掺合料21%的掺量28d强度离散性数据表　表9

强度（MPa）						
137.1	138.8	136.0	143.4	132.2	135.8	113.5
143.8	137.8	139.9	139.1	133.4	133.9	136.5
144.5	135.4	131.3	131.1	133.3	134.8	117.3
142.3	127.5	130.4	133.2	136.6	123.2	
134.3	135.5	135.4	139.2	137.4	118.4	
137.2	138.8	130.5	136.0	138.6	124.8	
强度平均值：135.03MPa				均方差：5.56MPa		

为理想。

（二）施工与振捣

掩体的结构长度超过厚度的 3 倍，采用斜面分层的浇筑方案，遵循“斜面分层、薄层浇筑、循环向上、一次到顶”的连续施工方法。浇筑时使下层混凝土在初凝前就被上一层新混凝土覆盖，为使下层即将初凝的混凝土与上层混凝土具有良好的连接性，振捣工作从浇筑层斜面下端开始，逐渐上移，且振捣器与斜面垂直。

（三）早期裂缝的预防

本掩体混凝土浇筑量大，属于高强大体积混凝土；在养护初期，甚至拆模前后出现裂缝，原因在于结构尺寸大，水泥水化热聚积在内部不易散发，内部温度显著升高，外表散热快，形成较大的内外温差，内部产生压应力，外表产生拉应力，若内外温差过大（25℃以上），则会产生裂缝。

为抑制裂缝的出现和发展，可采取在混凝土即将初凝时喷水养护，同时用磨光机对混凝土表面进行磨压、用扫把将表面拉毛，封闭混凝土早期裂缝的措施。

（四）养护

对于已经浇筑到设计标高的部位，抹平后立刻用塑料薄膜覆盖，待初凝后在薄膜上加盖两层草帘，严寒时可采取局部加热措施防止混凝土受冻。在养护过程中要有完整的覆盖和保温，方能取得良好的养护效果。

五、结语

由笔者所在公司监理的军事掩体工程，通过研制 C120 混凝土得到了如下经验：

（一）对于早期和 28d 强度，混凝土强度随着水胶比的减小而增大；3d 强度增长速率最为迅猛，增长速率可达到 25~30MPa/d；当水胶比低于 0.2 时，混凝土 28d 强度可以达到 120MPa 以上。

（二）砂率的变化对混凝土的流动性影响不大，对混凝土黏性影响较大，当砂率为 41% 时，倒筒时间 12.7s 最大，若倒筒时间超过 14s 以后，拌合物黏性增大，流动性变差，不易成型。

（三）硅灰主要提高混凝土的早期强度，对后期强度贡献不大，甚至对后期强度有降低趋势。未掺入硅灰的混凝土早期强度发展缓慢，但后期强度，尤其是 91c 强度增长明显，可超过掺入硅灰的混凝土。

（四）矿物掺合料对混凝土早期强度贡献不大，但可显著提升后期强度；矿物掺合料掺量在 21%~36% 时，其掺量的改变对混凝土拌合物施工性能改善不明显；当掺量达到 43%，混凝土和易性得到明显改善。

（五）掺合料掺量为 21% 试组的配合比作为混凝土生产配合比，浇筑过程采取“斜面分层、薄层浇筑、循环向上、一次到顶”的连续施工方法，从而保证 C120 混凝土的质量。

参考文献

[1] 吴德龙，吴慧华．C80~C100 高强泵送混凝土的研制．中国混凝土网，2009，8．

[2] 刘建忠，孙伟，寥昌文，刘加平．矿物掺合料对低水胶比混凝土干缩和自收缩的影响 [J]．东南大学学报：自然科学版，2009，39（3）：580~585．

[3] 蒲心诚．超高强高性能混凝土 [M]．重庆：重庆大学出版社，2004．

[4] 李金伟．C120 高强混凝土的试验研究 [J]．混凝土，2009，（2）：110~112．

[5] 朱效荣，高兴燕，管潢海．C100 高性能混凝土的研究与应用 [J]．混凝土，2003（7）：43—47．

工程监理在大型公共建筑项目中的主动控制

李卫
河北冀科工程项目管理有限公司

摘　要：监理行业自20世纪80年代引进到90年代全面推广，已经历30年的风雨历程，如何适应如今国内飞速发展的建筑市场，如何走出国门与世界接轨，给监理人提出了更高的要求与挑战。本文以公司2013年承揽的大型综合性医院项目工程监理为实践，探讨如何转变监理思想，坚持预控为主，针对项目易发生的各类问题进行积极、可靠的主动控制。

关键词：医院　监理　主动控制

监理 30 年的风雨历程，从试点、试行到全面推广，伴随的是改革开放以来建设领域飞速发展的辉煌时期。工程监理在建设领域的作用与成就是不可或缺的，也是功不可没的。30 年后的今日，国家战略“一带一路”的实施也给监理提出了新的挑战与机遇。

目前建筑业对工程监理的第一印象就是巡视、验收、旁站，这种印象标签也是很多监理从业人员自身认为的一种常规工作方式。在日常监理工作中这种固定思维往往限制了一个项目监理部、一个监理公司甚至于整个监理行业的发展与改革。而监理从业人员如何从自身改变目前传统思想，以一种新的管理模式对施工现场进行统一、系统、全面的掌控和管理，是目前监理行业转型所面临的首要问题。

如何改变已延续近 30 年的常规监理模式，监理公司如何打破常规，发挥监理主动控制，寻求项目管理的一种新的途径，这就是目前我们需要考虑和探索的问题。因此在公司承揽河北省某医科大学新建医技病房楼项目的工程监理后，本项目监理机构自 2013 年 9 月成立进场至今，以一个大型综合性医院项目为实践来寻求如何打破项目监理固有模式，牢固树立主动控制的思想，由传统的工程监理逐步向项目管理转变探索。

某医科大学新建医技病房楼项目目前为河北省医疗系统内最大的单体建筑，建筑面积 10.9 万 m^2，地下 3 层、地上 23 层，总投资约 6 亿元，集医技科室、住院为一体的国内先进、省内一流的大型公共医疗建筑。因此本项目监理部成立后，监理部人员均深感担子重、压力大，如何在本项目发挥监理组织机构应尽的义务，完成建设单位既定目标，以及如何转变自身思想，发挥主动控制，并且向项目管理这一模式探索，最大化地为建设单位协调、解决问题，这是项目监理部进场初期遇到的首要问题。

这期间既有思想转变的迷茫与痛苦，也有受到质疑的烦恼，但是最终通过项目监理人员自身不断学习、提高，以及监理部所有人员的共同努力获得了很多项目管理的宝贵经验。本监理部也获得了建设单位及省建设厅政府主管部门一致好评，截至目前已经进入系统调试及竣工验收阶段。本项目荣获“2015 年度河北省结构优质工程”，目前正在为参评河北省建设工程“安济杯”这一目标努力。

由于大型综合性医院项目本身复杂程度极高，加上项目所处环境也十分复杂，因此做好项目主动控制工作有很大难度，经分析主要源于以下几个方面：

1. 施工现场场地狭小。

2. 场外紧邻医院旧院区，就诊人员众多，四周道路交通情况复杂，影响施工材料、设备进场。

3. 周边住宅小区密集，且紧邻医院旧院区住院部，施工期间极易对周边居民及住院患者造成影响。

4. 项目立项标准高，建设单位在本项目立项时确定确保“安济杯”、争创“鲁班奖”的质量目标。

5. 专业分包多，进入装修阶段后约20余家分包单位，以及大小几十家医疗设备安装单位。

6. 总包单位管理人员不足，未能对现场各分包单位进行有效管理及约束，因此对本项目部现场各项管理工作带来了很大困难。

7. 建设单位基建处专业性人才缺乏，技术型、管理型人员欠缺。

监理部针对以上难点进行细致梳理，与建设单位、施工单位进行了充分的沟通了解之后采取以下一系列积极稳妥的应对措施，使得施工期间不仅项目本身顺利推进，而且取得了显著效果，也受到参建各方一致好评。

1. 建筑工程安全、质量、进度重在前期主动预控和细致的过程管理，必须以人为核心，以人为本，加强监理人员自身学习能力，积极调动参建各方积极性与创造性，不断提高管理人员和作业人员的专业素质，并根据项目实际情况建章立制，从而提高工程质量。因此为保证本工程各项工作的开展，实现“省优质工程”“省安全文明工地”，争创“鲁班奖”的既定目标。监理部与建设单位充分沟通后，针对现场施工所面临的安全文明施工、质量、进度、扬尘治理等易发生的问题编制了《项目现场管理规定》，并要求所有进场施工的总包及专业分包单位负责人签字盖章。《项目现场管理规定》中加强了对总包、专业分包单位的约束管理工作，为建设单位及监理部下达各类通知、罚款及奖励等提供了充分依据，得到建设单位的大力支持，并且在本工程实践中得到显著效果，极大地减轻了项目各单位之间推诿扯皮的情况发生。监理部编写的《项目现场管理规定》也得到了公司的各级领导的高度重视和认可，2015 年起作为样板，在全公司各项目部进行了推广。

2. 在质量控制方面：项目监理部与甲方密切配合，严格审核施工组织设计、专项施工方案及各分包单位资质；对进场材料、构配件及施工机械严格把关，认真落实见证取样送检工作制度。省质监站历次质量检查、巡查过程中均一次通过，获得了质监站及建设单位的高度认可，在质量上力争实现确保“安济杯”，争创“鲁班奖”的既定目标。

施工单位为了获得利益最大化，进场材料往往以次充好或者低价购买材料，这会对现场质量造成不可预估的隐患，加大建设单位运营期间的风险，因此监理部专门在监理例会及质量专题会中向各参建施工单位进行了不合格材料退场交底，规范了不合格退场材料标准程序及未按程序退场的各项处罚措施。另外，在项目部内部会议上，也向各专业工程师及见证取样员进行了材料进场的各项工作制度的落实及培训工作。本措施杜绝了不合格材料在本工程中的使用。

检验批验收为监理部日常工作中的一项重要内容，在验收后监理部发现的质量问题往往存在施工单位无故拖延或者拒不整改的情况，这会对工期及质量造成很大影响，并且增加了监理部的协调工作，而制式的检验批验收记录存在时效性不强、不能充分体现验收中发现的具体问题，而本项目的分包单位众多，验收项目繁多，管理难度极大。为了避免这个情况在本项目中发生，监理部根据《建筑工程施工质量验收统一标准》GB 50300-2013 及项目实际情况制定了本工程内部实施的《检验批自检记录表》和《检验批验收记录表》及填写要求。要求各施工单位某检验批施工完成并自检合格后由专业工长、项目专业质检员及技术负责人填写《检验批自检记录表》。其中，施工单位必须注明自检详细部位及实测实量具体偏差，必须保证自检数据真实性。监理部现场验收后将验收具体时间、需整改的具体问题及验收结论填写至《检验批验收记录表》，并注明整改期限，当场让施工单位质检员签字，通知施工单位限期整改。如施工单位同一检验批累计两次未整改合格，第三次报验必须由施工单位项目经理亲自报验并参加现场验收工作。此次措施实施后，监理部现场验收的工作得到了同步记录，所有验收程序及每次验收中需整改问题全部体现到书面上，极大地降低了监理部的协调工作，提高了工作效率，节省了工期，建设单位对此项措施非常支持，并且在本公司各项目中进行了全面推广。

此外，监理部要求所有现场监理人员进行验收时，严格执行《检验批验收记录》，做到分工明确、责任到人，加强监理人员责任心，避免施工现场出现问题后，监理人员之间推脱扯皮现象发生。

3. 在安全文明施工管理方面：由于现场施工场地狭小、场外紧邻某医科大学医院旧院区，四周道路交通情况复杂，这对施工现场安全文明施工、材料堆放及扬尘治理等管理工作提出了很大的挑战。监理部进场后综合现场实际情况充分考虑，对现场土方开挖、基坑支护、主体结构施工以及后期精装修阶段的场地使用进行系统性规划，确保了施工现场各施工周期期间场地的合理使用，以最小的代价及投入换来了本项目场地的正常周转。并且各施工单位分片包干，划分安全文明施工及扬尘治理责任区，提高了施工现场整体形象，确保安全文明施工及扬尘治理的各项措施落实到位。

4. 在投资控制方面：本项目为综合性大型医技病房楼，精装修阶段进场的分包单位众多，而且各医技、临床科室所提出的要求相差很大，导致现场设计变更、工程洽商、现场签证量非常大，一些不合理的设计变更、工程洽商、现场签证会直接导致建设单位投资成本增加，超出概算范围。

在建设初期结合本工程现场情况，为使工作流程更加明确，督促各参建方积极完成各项工作任务，提高工作效率，避免反复与各分包单位进行交底工作，监理部提前与建设单位、造价咨询单位以及设计单位沟通，编写了《项目设计变更、工程洽商、现场签证工作流程及规定》，规定中详细描述了设计变更、工程洽商、现场签证的适用范围、签字流程及设计，造价咨询、监理、建设单位的审批时间。一方面，避免了施工单位跑冤枉路，也提高了现场各方设计变更、工程洽商、现场签证的效率；另一方面也约束了施工单位滥用变更、洽商、签证导致建设单位投资成本的增加。本工程目前已经进入最终收尾阶段，投资造价一直控制在合理范围内。

本项目监理部通过以上主动控制措施的实施，也对大型综合性医院项目管理工作有一些心得体会及特点总结。医院建设项目由于建筑自身的独特性，管理难度系数较大，难点较多，与一般民用建筑的项目管理有很大不同，如果想做好医院项目管理工作，必须对以下几个方面进行重点关注：

1. 建设周期长。医院建设项目自立项至竣工验收一般长达 5~6 年，较长的建设周期为项目管理工作带来诸多不确定因素，增加了项目管理的难度。

2. 医院各科室沟通。大型医院自项目构思至方案设计阶段，尤其是在医院科室功能定位及医疗、医技布局规划期间，需要项目管理团队做好医院各科室的沟通工作。如果忽略这一项，往往会导致科室需求无法在设计、施工阶段正确体现，造成施工过程中及竣工收尾阶段出现大量变更、签证。一方面会延误竣工工期，造成投资成本的增加；另一方面也会致使后期与各科室、后勤交接时发现使用功能达不到科室或后勤使用要求。

3. 医院专业分包众多。医院建设项目涉及专业分包内容多，二次招标及深化设计工作量很大。在总包单位招标完成后，施工期间还要对幕墙、电梯、精密空调、手术室、ICU、生殖中心、医疗气体、物流传输及射线防护等专业进行深化设计和施工招标，此外还有大量的医疗设备、办公家具等需要单独采购。多工种、多专业、多分包造成施工期间交叉干扰多，极易产生设计冲突及施工区域划分不明等现象，使得施工过程中设计修改量大、各单位之间交叉施工及工期协调工作大。

4. 医院项目管理层次繁多。一般民用住宅项目管理层次多为：建设单位项目部 – 项目监理部 – 施工单位项目部，最后业主验收后交付使用。而医院项目管理除涉及医院基建处 – 项目监理部 – 施工单位项目部以外，其中还穿插着总务处、信息处、设备处等医院后勤科室，以及放射科、中心供应室、手术室、中心药房、ICU 等医技科室和诸多临床科室。这就导致项目管理期间，施工单位往往无法明确获取单一指令进行施工，极易造成施工反复拆改，变更反复修改这类现象发生。

5. 医院项目管理专业人才缺少。医院建设项目专业性强，因此需要大量的专业性人才，但是既懂建设与管理，又懂医疗系统特点与需求的全面人才更是稀少，给医院项目管理工作的推进带来很大阻碍。

通过本工程的实践，发现监理人员思想上从工程监理转变为项目管理的过程是一个挑战，但是通过各项制度的实施得到了很多宝贵的经验，也发现了不足之处，这对公司的转型提供了一些参考。

我国监理行业经历 30 年的发展，已经成为我国建设领域一个不可或缺的重要行业，监理通过自身思路的转变一定会为今后祖国建设领域的快速发展作出突出贡献。而项目管理的日趋成熟与完善，也必定会为我国监理行业健康发展，响应国家“一带一路”发展战略，走出国门提供坚实而又可靠的保障。

参考文献

[1] 吴锦华，张建忠，乐云．医院改扩建项目设计、施工和管理[M]．上海：同济大学出版社，2017．
[2] 庞玉成．复杂建设项目的业主方集成管理研究[M]．北京：科学出版社，2016．

浅谈监理日记在监理工作中的重要性

杨海平
山西省煤炭建设监理有限公司

在写这篇文章前先给大家澄清一个概念，那就是监理日志和监理日记的区别，因为的确有很多人从事了很多年的监理工作，都没有弄明白这个看似很简单的问题。

所谓监理日志是项目监理机构每日对监理工作进展情况所做的记录，是工程实施过程中监理工作最真实的原始记录，是监理文件资料的重要组成部分。由总监理工程师根据工程实际情况指定一名专业监理工程师负责记录，且总监要定期审阅并予以签认。而监理日记是项目监理机构所有人员每日对自己所进行的监理工作及本专业工程施工进展情况所做的记录，可以理解为“随记”，但是随记一定不能随意记，因监理日记在监理工作中起着不可估量的大作用。

本文只论述一下监理日记，因为监理日记是监理工作的基础，也是监理工作的重点，记好日记是提高监理行业社会地位的有效手段，也是提高监理人员的社会地位和提高每位现场监理人员自身素质和业务水平的有效方法。

凡是从事监理工作的人以及在建设工程中和监理工作打交道的人都知道，从我国在工程建设领域实行强制监理到目前推行全过程咨询服务（国办发〔2017〕19号）历时30余年，社会地位尴尬，行业毁誉参半，发展不平衡，其造成原因客观上定位模糊、业主不明、职责不清，以及建设工程领域大环境混乱。其中还有一个最主要的主观原因，那就是从事监理的工作人员自身认识不足、素质低、努力程度不够，长期以来造成了监理社会地位的尴尬局面，那么监理人怎样才能提高自身的素质，做好监理工作，进而提高自身的地位呢？笔者认为，只要能记好监理日记，那就能做好一大半的监理工作，也就逐渐能得到业主和社会的认可，那么监理日记要写哪些内容，怎么才能写好监理日记？本文结合本人从事监理工作近20年的经验，谈一下粗浅的认识。

监理日记虽然是项目监理机构每个监理人员的“工作随记”，但绝不能随意、随便，而是有内容、有格式、有要求的。通俗一点讲其内容就是要把工程施工进展过程中的“三控、两管、一协调”和有关安全监理职责的履职情况以日记的形式记录下来。那么试想，如果每个人每天都能以此为内容要求把日记记全，那么工程监理过程中那些不熟悉图纸、不了解工程情况、不知道监理人员在现场干什么的现象也就不复存在了。那些业主和有关主管部门的评价“监理不作为”的话语也就不攻自破；如果真能每个人都认真记好监理日记，自己的工作能力和业务水平又怎么可能不提高呢。由此可见认真写好监理日记是非常重要的；下面就监理日记的内容进行简单的分析，也是大家在记录监理日记时要掌握的几个要领：

一、监理日记应记录当天的天气情况（气候情况），其内容有：当日最高、最低气温，当天的风力、风向，及当日降雨（雪）量，甚至包括当日的污染指数情况等都要写进日记。因为气候原因导致工时损失、材料损失均是要有说法的（是索赔签证的重要依据之一），在气候方面，既要根据当地气象预报又要做部分现场测量工作，如现场要设置温度计实测现场气温，气候条件不仅影响工程进度还影响工程质量（如同条件养护试块的检测评定）。因此现场的监理人员一定不能轻视气候条件的记录情况。

二、进度控制方面：要记录的内容有：当日的施工内容、部位、进度情况、施工人员（工种、数量），施工人员有哪些特殊工种及持证上岗情况等，施工投入使用的机械设备（数量、名称），以及当日实际施工进度和计划施工进度的比较；这里最好能有个日记的附表，以表格形式表现进度的比较情况）。如有施工延期或暂停，应说明原因（如停水、停电、不利气候以及材料供应不及时、图纸不到位、设计没交底，等等）。一般情况下，即使施工单位有再详细的进度计划那都是纸上谈兵，因为在每天的施工过程中都存在不同的干扰因素对进度计划的实施造成影响。监理人员要深入施工现场对每天的实际进度进行跟踪检查，并和施工进度计划进行比较，结合施工单位的各项资源投入和施工组织情况进行分析，并详细记录进监理日记。

三、质量方面要从源头记起，要详细记录当日进入现场的原材料名称、数量、产量，拟使用部位及见证取样及送检情况。对进场原材料应根据其外包装标识，对照产品的合格证使用说明书、质保书进行核实，并记入日记。在数量方面要同进货合同进行核对，并依据见证取样规范要求需取样的一定要及时取样，并将所取样品送检，记录清楚取样的数量、部位以及取样人、送检人。该部分内容一定要与材料、设备、构配件报验单相闭合。

四、要记录当日的混凝土、砂浆试块的留置、数量、取样部位，配合比的检查结果。混凝土试块的判取工作必须在监理的见证下进行，其内容记录务必真实、详细：混凝土试块取样要记录清楚取样部位、组数、取样人、取样的日期和部位，必须做到与旁站记录，平行检测和试验报告要相吻合一致。因为混凝土和砂浆的质量涉及建筑物的结构安全性能。

五、工序验收环节是质量控制的重要环节，其验收情况的记录是监理日记中可记载内容最丰富的部分。因此，针对分部、分项以及检验批验收，要清楚详细记录参加验收人员验收的时间及结果。并及时记录验收巡视中发现的问题以及处理意见和处理结果；分部工程验收要记录参验的建设、勘察、设计、施工，监理各方人员到位情况及验收结论；分项工程、检验批工程验收应记录监理方，施工方参加人员及验收中发现的问题。对于发现的问题无论是下达了口头通知或是书面通知都应记录进日记，并与监理通知单，监理联系单（回复单）相闭合。

六、记录当日签发的工程报验表，监理工作联系单、监理通知及回复情况，并与监理项目部的收发文记录相闭合。

七、记录当日处理设计变更、费用索赔、工程款支付等情况。设计变更可以由工程参加方任意一方提出，经设计方认可后还必须由总监理工程师签发，施工方方可执行，对索赔进行分析处理并记录，要详细记录索赔事件发生时间及原因，提出索赔意向和索赔报告的时间和索赔内容以及项目管理部作出的答复。

八、当日如有监理例会、专题会议的召开，要记录其会议议题的摘要，要与会议纪要相闭合。

九、记录施工现场的安全施工检查情况以及对安全隐患的处理意见，这是监理方履行建设工程安全生产管理法定职责服务活动的主要记录，并与有关安全方面的监理通知单、监理联系单（回复单）相闭合。这一项内容很重要。

十、记录有关监理方与建设单位的洽商意见；记录对施工方的口头指示（这里应有相应的监理通知单相闭合），以及项目总监对监理部人员的指示等。

具有以上十个方面内容的记录，监理日记也就基本完善了。可以肯定地说，如果每个监理人员都能如此认真记好每天的监理日记，一定可以提高自身的业务水平，并更全面地服务好业主、服务好项目。由此可见监理日记显然是监理工作的基础工作，但也是非常重要的、不可或缺的工作，其在监理工作中所起的作用可见一斑。那么知道了监理日记在监理工作中的重要性，且掌握了以上要点，具体怎样才能写好监理日记，或者说记好监理日记的注意事项呢？笔者有以下认识：

监理日记是监理工作的成效和监理工程的实际施工全貌的动态反映，是监理工程师辛勤工作的一种肯定和认可。每位现场监理人员都应认真对待并应详细填写。监理日记填写前就要做好工程施工过程中相关信息的收集，将全部内容草拟后整理记录；填写时要字迹清晰、工整、数字准确；用语规范、内容严谨，记录内容必须真实、齐全，应反映工程监理活动的具体内容及深度，体现时间、地点、相关人员以及事情起因、经过和结果。并与相关的文件资料相闭合，要有可追溯性。

监理日记在记录中要注意时效性，当日完成的监理工作要当日记录，不能拖延；不能把监理日记变成周记、月记，更不能变成“回忆录”，那样的监理日记就无法反应实际的施工监理情况，更谈不上记录的全面到位。监理日记记录注意不能空洞，没具体内容，泛泛而谈；如记录中有些只记砌筑墙体，而没有记录砌筑部位、施工质量、试块制取等内容。要求监理人员一定要手勤笔勤，把当日实际完成的工作内容和发生在施工现场与施工有关的情况作全面的记载。

记录监理日记要注意日记与其他监理资料文件的闭合。所记的内容不仅要与监理通知（回复）、监理联系（回复）、旁站记录、平行检验记录的相关施工资料文件内容相闭合；日记本身的前后内容也要闭合，这样的日记才具有可追溯性，才有价值。正因为监理日记具有闭合性和可追溯性的要求，那么以日记为中心结点，可以放射、延伸到监理资料的方方面面，因此监理日记是能动态反映工程施工全貌的一面镜子，在工程监理过程中其作用举足轻重！

商务、管理和人力资源是监理企业发展的三驾马车

邹益群
广州万安建设监理有限公司

在监理业务出现下滑时，企业内部经常会出现各种讨论，负责商务的说商务费用太低承接不到业务、工程管理不佳，所以没有回头客。在工程管理部门来看，管理不佳是因为人才经常短缺，有问题的人也在用；人事安排和工资福利建议没人听；而且大小业务都接，什么样素质的合作方都接纳，如何才能管好项目？人力资源部门会说，招聘来的人是因为项目接不上才走的，新来的人工程部门是怎么调教的？你们的标准化工作做得怎么样呢？真是公说公有理，婆说婆有理。这样的讨论在各个公司年复一年地进行，好像谁说的都有道理，可谁也说服不了谁。公司业务也就难有新的突破。

在实际工作中，有的公司以商务见长，有的公司以管理见长。笔者认为，要使监理企业得到一个良好的、可持续的经营成果，需要商务、管理和人力资源三驾马车齐头并进。

一、商务的领头羊作用

商务是一家监理公司的命脉，没有监理合同签回来，就没有收入来发工资、支付办公费。创建一家公司的负责人都深明这一点，他们也通常是公关的高手，这一点在公司建立的初期显得特别重要。他们会通过各种关系找到手上有业务发包权的人，主动让发包方了解自己、信任自己，最终拿到业务。因此他们最崇信商务，也是开拓精神最好的实践者。

在商务、管理两者的平衡中，对市场机会的敏锐把握十分重要，偏重商务是一家公司的良性状态。所以负责商务的领导强调商务方面的投入，说商务和管理的关系是鸡生蛋的关系，也就不奇怪了。但在另一方面，如果鸡下的蛋都煮吃了，那么鸡下蛋的负担就加重了，如果鸡下的蛋是个坏蛋吃下去会怎样呢？

二、商务质量和商务的可持续性

监理企业因为开展业务的需要，经常要与其他监理公司或个人进行合作。因此，一方面商务质量跟选择的合作方素质和管理要求大有关系。在合作人素质方面，合作方高层是不是内行是个重要因素；在管理方面，在合作协议中提出明确的管理要求是另一个重要因素。如果没有管理要求，合作方会不会想尽一切办法降低成本呢？如果是这样，派出的监理人员素质或数量就会不足，就不可能为业主提供优质服务。这种情况走到极端就是“卖牌子”，只收管理费而不问其他。行内有个笑话，说合作方派到现场的监理人员把“锚固钢筋”说成“苗固钢筋”，到了现场只能管管工人戴没戴安全帽，完全是工程监理的门外汉，质量安全管理完全处于失控状态。

影响商务质量的另一方面是监理费过低或者管理苛刻，要想保证基本的服务质量就得亏本。要想保本或有利润，降低服务质量就不可避免。

上面两类业务如果承接较多，时间长了就会影响公司的口碑。因为建设工程的圈子不大，转来转去都是认识的人。慢慢形成的市场效应就是：某家公司做事不靠谱。这时要想承接优质业务的机会就降低了，或者增加了承接的成本，主动找上门来的回头客就更少了。如果很多项目的服务质量都不行，出现质量安全事故的几率就增加了，如果发生大的质量安全事故，就会事关公司的存在。所以商务中“有奶就是娘”的思维是有风险、有成本的，卖牌子的结果也许就是砸牌子。

三、商务与管理深度融合是业务持续的必由之路

在不少情况下，监理公司会出现的一个问题就是商务和管理工作脱节。表现在拿业务的不管监理服务，而做监理服务的不问业务机会。也有的监理企业只喊全员经营的口号，而没有兑现的措施。如果商务和管理工作脱节，业主就投诉无门，导致后续业务丢失，出现狗熊掰玉米式的局面。这时就可能进入更强调商务投入、更加忽视管理的循环。怎样使业主更满意，并通过优质服务产生溢出效应，从而让商务工作更轻松呢？

（一）商务激励与管理激励的天平

行内有的监理公司只倾向于商务激励，在这种情况下，商务人员就会认为拿业务是自己的领地，其他人不要染指业务。当优秀的总监通过良好的服务来赢得后续业务时，商务领导站在自己的利益角度，自然反应就是倾向于贬低总监的贡献，也不愿意给予相应权重的奖励。如果商务人员经常扭曲市场的真实情况，就难以鼓励总监不断做好管理服务工作，难以促进公司管理水平的提升。

因此，需要在工作中不断调整商务与管理这个激励的天平，来鼓励而不是挫伤管理人员的积极性。如果最高领导也是拿商务激励的话，这个调整就会动自己的奶酪，他肯不肯呢？如果他不肯，他今后要说下属管理不行时，其实“不行”的源头就是他自己。他如果改变了这一点，公司管理才算有了个很好的开端，这需要很大的魄力。

（二）商务领导拥有管理知识的重要性

有的领导有技术专长，但不善于与人沟通。如果只钻技术正确的牛角尖，就难以得到其他人的支持。因此需要在职业发展中有意识地培养情商，让自己先进的管理理念落地生根。同样的，有的商务领导长年从事公关和商务工作，在人堆里和商场中开展工作，他的利益和成就感都来源于此。他们有着精明的头脑和优良的社会感知。但在遇到复杂的管理问题时，商务领导就显得力不从心而且缺少耐心。所以有的商务领导对工程管理的要求是“不出事就行”也就不奇怪了。这种观念在现实中，无论面对政府业主还是私营业主都是不合适的，因为不管哪类业主对服务质量都有要求。特别是私营业主、外资业主，他们不只通过业绩、资质和获奖证书来了解一家公司，而是通过深入的背景调查、通过拟派团队答辩来了解，并采用严格的履约考核来落实监理服务的承诺。

商务领导如果缺乏管理的基础知识，比如有效沟通、目标管理、授权与监督等，就会弄不清楚管理问题出在了哪里，头痛医头的结果还是无法解决问题，这就使得他们不愿意在管理上花费时间，始终处于商务的舒适区中不想出来。他们有着高情商，但由于管理知识薄弱，商务领导实际上就成了最大的业务员，管理工作也就难有起色。商务领导不断学习是管理上台阶的重要选项，另一个选项就是与有管理权的领导进行有效合作。

（三）商务和管理的良性互动

由于商务的突出作用，一般情况下，商务领导处于监理企业的高层。商务领导也有把服务做好的压力，因为他也想兑现对业主的承诺，也想在管理上有所作为。商务领导如果是职业经理人，可能因为没有用人和薪酬的决定权，想在管理中有大的作为比较困难。经营权与管理权分离有时是控制公司的需要，也可能跟商务领导自己的作为有关。这时就需要经营领导与管理领导的有效合作。

商务领导的领头羊作用不仅是拿回业务，还要将业主对工作的要求反馈到工作中，随时调整公司各部门和监理部的工作。首先，有经营权的领导要把业主的反馈及时向有管理权的人通报。然后有管理权限的领导就要积极响应这个需要，迅速调整管理工作以达到业主的要求。如果有管理权的领导不懂工程管理，就要听得进别人的建议。这样才能提升服务质量，满足不同业主的不同需要；才有可能拿到后续业务，并持续拓展业务。

（四）做人做事与业务拓展

经营权有时是利益分配的基础，所以其他同事拿下来的业务，商务领导如果只愿意给象征性的奖励，或者只给空头支票，大谈儒释道，其他同事就会用脚投票。商务领导如果不肯直接给下属平台和利益，下属就会不断跳槽。商务领导如果只参加了一次与业主走过场的见面，就要把功劳算在自己头上，这样就很难赢得下属信任。所以个人至上的精明领导就可能成为孤家寡人，在开拓业务上只能亲力亲为，业务的拓展自然大受局限。因此，跟同事分享利益和平台，是商务领导轻松获得业务的必由之路。

有一位监理同行说得好，做业务就是做人，不仅业主关系维护得好，员工关系照样维护得好，他们知道向员工投资的回报率也是很高的。他们公司的业务做得风生水起，主动找上门来的回头客占了业务的一半。所以踏破铁鞋无觅处的灵丹妙药可能就在领导者的心中。

四、工程服务质量的保证途径

监理企业的服务产品就是现场的工程管理服务，保证现场服务质量就是工程部门的重要职责。如何才能做到对现场服务进行有效的管理呢？笔者认为需要从以下几个方面着手。

（一）公司工程监管人员的选用

公司工程监管人员的选用是保证服务质量的重要一环。多数公司会从表现优秀的总监中选拔工程监管人员，他们一般在多个项目承担过总监工作，选用他们担任工程监管工作是很自然的。因为领导选用的偏好不同，所产生的管理效应就会明显不同。

如果领导选用能给自己带来利益的监管人员，这样的人往往也会向下伸手，向项目监理人员要利益，项目监理人员就要牺牲服务质量来达到目的。如果领导选用八面来风的人协调关系，确实可以让自己轻松一些，但这样就会让项目监理失去原则性。如果领导选用溜须拍马或唯唯诺诺的监管人员，就很难在项目监管上有所作为。

如果选用原则性强、兢兢业业的人做工程监管工作，就是向所有工程师发出一个清晰的信号：必须做好你们的服务！这样一来管理的原则和方向都可以确立。经过多年不懈的努力，工程管理就会打下稳固的基础。

（二）全覆盖、周期性检查工程

全覆盖、周期性检查项目是工程监管最主要的工作方法。这是因为工程始终处于动态的过程，不同时间点上会出现不同的问题。同时因为项目监理人员与现场各方经过磨合后，会处于一个相对平衡的状态。这就需要公司介入以打破平衡，以实现更高的管理要求。而且，任何监理人员在工作中都会有盲点。所以工程的不同阶段都需要公司的工程检查。三天打鱼两天晒网式的检查会动摇企业管理的基础；雷打不动的全覆盖、周期性检查是公司监管的重要方法。

（三）企业管理知识的补充

对于从总监岗位上提拔起来的工程监管人员，公司和监管人员自身会有一个想当然的误区，就是认为既然管得好一个项目，肯定能管好全部项目。有的公司年终工作总结也是从进度、质量、安全等项目管理角度来做，这是对企业管理的误解。企业管理是需要在标准化上下功夫的。

我们监理过的项目，除了合同所代表的业绩外，是否对经验教训进行过全面的总结？再做类似的项目是否能驾轻就熟？从监理企业管理角度来说，管理知识的积累和传承是特别重要的事情。把经验教训整理成统一的工作要求就是标准化，标准化是经验积累并指导现实工作特别好的手段。

比如每个项目都要整理监理资料，是不是每个项目去检查就可以了呢？这样做只是事后管理，而没有事前作出规定。所以要想保证公司整体监理资料整理的质量，就不能由每个项目各自发挥，而是需要公司组织力量制订统一的标准，在事前做出统一的要求。公司在十几年前就着手编制了二十余项重要工作的指引文件，规定了包括岗位职责、规划细则编制、图纸会审等工作的统一要求，并根据政策变化和市场需要随时调整标准。这样就使企业管理在统一的高标准基础上运行，不断积累公司的无形财富，实现高水平项目管理、业主满意和更轻松开拓新市场的目标。

因此公司的工程监管人员及各级领导，需要不断学习企业管理的知识，学习标准化的相关知识，将行业、市场的要求结合自身的定位统一到工作标准上来。标准化是监理服务上台阶的利器，这是企业管理成熟的重要标志。

五、人力资源的保证途径

人力资源只是管理工作的一部分内容，为什么说是监理企业的三驾马车之一呢？这是因为监理企业是以人为核心资源的行业。没有优秀的人才队伍，再好的商务和管理思路都难以落地。那么如何打造一支优秀的人才队伍呢？这也是企业中有管理权的领导经常思考的事。

（一）识人用人是打造人才队伍的前提

项目上的总监、专监和监理员，包括公司部门的管理人员都是人才队伍的组成部分，特别是总监，是现场服务质量的重要保证。如果有人事管理权的领导仅凭主观印象和个人喜好来选人用人，就会模糊用人的标准，就可能把公司宝贵的平台和待遇给了不能为公司创造价值的人。一位总监的表现在现实中经常是众说纷纭，如果领导能不以一时一事来判断、不以主观好恶为依据，而是从总监是不是履行了岗位职责、工程管理是不是顺利、业主是否满意、团队是否认可等因素来判断，客观而且相对稳定地评价一位总监，这样用起人来才不会朝秦暮楚、朝令夕改。如此一来吹牛拍马、滥竽充数、唯利是图的人就没有了空间。没有用对人，填写再多的考核表都没有用。慧眼识才是人才队伍建设的基础。一家公司应该创造条件打造出一个独特的人才队伍，从而为社会也为自身创造价值。

（二）合理的薪酬结构是留住人才的基础

在人才招聘上，如果以低薪酬为第一筛选标准，就忽略了人才可能为公司创造的价值，这样就难以招揽到高层次人才。如果员工表现再出色都没有办法加薪，很可能缺少合理的薪酬结构和调薪机制，员工的积极性和创造性就难以调动起来。

这首先需要明确薪酬策略，比如说要把薪酬水平保持在市场的何种位置？哪些是企业的骨干人才？对骨干人才准备采取什么样的激励组合和激励水平？如果薪酬体系方向不清晰，大家就会觉得没什么干劲，像吃大锅饭一样。该激励的没有很好地激励，不该花的钱又花了不少。

其次还需要调整薪酬差距。有家公司主要老总都是股东，以拿业务激励和投资分红为主，给自己定的工资标准一直比较低，而中层的收入怎么说也不好超过老板们，这就带来了一个问题：公司职业化的、高水平的中层团队迟迟难以建立起来。公司内部的高、中、基层人员的薪酬应当有一个合适的比例，作为一个市场化的企业，由于不同层级人员的责任、能力要求不同，其薪酬应该有合理的差距。个人价值不体现的结果就必然会导致“寻租”。因此，对于很多公司来说，逐步把薪酬层级调到一个合理的差距，是维持企业稳步发展的大事，这样最高管理者才不会那么累。

（三）完善的人力资源知识是高飞的翅膀

首先需要建立一个完善的人力资源计划，这个计划既包括近期项目需要的人员，还包括中长期发展需要的人员。有了中长期人力资源计划，就可以避免随意裁减人员。因为一时兴起裁减的人员，可能很快还要再招聘回来，这不仅增加了招聘工作量，还增加了培养新员工忠诚度的任务。

人才梯队建设是人力资源的重要工作。如果公司经常做应急招聘，就需要从这种“救火”式的低层次人才运作，转向重视内部发现和培养人才。每一类关键岗位都可以培养出若干个可随时上阵的“替补队员”，特别是总监级人才的梯队建设更为重要。人才梯队建设能够在实践中培养大批人才，同时激发人才的创造精神，形成继任者的人才库。

为员工服务是另一个成熟的人力资源思维。行内有的公司管理人员对工程师颐指气使，这是一种非常不明智的行为。要知道监理费是靠工程师在现场做事赚回来的。工程师在现场做事时，绝大部分时间都是公司管理层看不到的。要想激发他们内在的忠诚和敬业精神，我们能做的就是尊重他们、服务好他们，否则很难成就大事业。一家公司最大的客户是内部的员工，公司让员工受气吃亏，员工就会让客户吃亏，客户就会让公司吃亏。所以让管理工作上台阶的源头就是身边的员工。

以商务见长的公司必然存在管理短板，进而影响业务的可持续性和某个市场的停滞不前；以管理见长的公司，则需要在商务上开动脑筋，积极开拓新的市场。监理企业的发展之路，不用在远方求，它就在最高领导的心中。这如同弹钢琴，不可能靠一两个键就弹出一支好曲子。同样的，三驾马车中只要有一匹马拖后腿，其他的也跑不起来。所以我们要让商务、管理和人力资源这三驾马车齐头并进，这样就会奏响一支监理企业发展的华美乐章。

地铁施工混凝土外观质量缺陷防控措施

张国治
北京赛瑞斯国际工程咨询有限公司

摘　要：本文通过对北京地铁16号线某标段混凝土实体在施工过程中，外观出现的观感色差、错台、局部不平整、结构渗水等质量缺陷进行系统的分析研究，采取相应措施，提高了混凝土结构实体外观质量。

关键词：地铁　混凝土外观　质量缺陷　提高

一、前言

近年来，国内大力发展现代轨道交通技术，工法不断创新，目前浅埋暗挖法、PBA 洞桩法以及盖挖法仍是主要施工工法。上述工法在二衬混凝土施工时需要在地下有限空间内作业，混凝土均采用车载输送泵经过泵管和模板预留孔口泵送入模。施工时，由于存在泵送距离较长、混凝土和易性及流动性要求较高（泵损较大）、封闭模板台车体系振捣不便等局限性条件，再加上工人熟练度不高，导致拆模后，混凝土外观普遍存在观感色差、错台、冷缝、局部不平整、局部蜂窝麻面，漏水点较多等质量缺陷。因此，需要通过研究制定措施，对其施工工艺进行改进提高，以改善混凝土的观感质量。

二、工程概况

北京地铁 16 号线某标段的主要施工任务是一站一区间、一个换乘厅。

主要的施工工法：车站主体结构采用暗挖 PBA 洞桩法，换乘厅采用盖挖逆做法，区间采用浅埋暗挖法施工。

三、存在的质量缺陷及原因分析

（一）混凝土外观存在的质量缺陷

结构混凝土在拆模后出现过观感色差、错台、冷缝、局部不平整、局部蜂窝麻面、结构有渗水点等质量缺陷。

（二）缺陷原因分析

1. 观感色差

经分析，主要原因是台车模板或木模板在使用完成后打磨不彻底，清理不干净，脱模剂涂刷不均匀（尤其台车弧形模板涂刷后有流挂现象），模板表面的浮锈和油污，在混凝土拆模后直接附着在混凝土表面，造成混凝土表面色泽不一致。

2. 混凝土模板拼缝处错台不平整

混凝土错台主要存在于两个方面，一是二衬扣拱台车与顶纵梁纵向施工缝搭接处存在错台。主要原因是前期施工做的顶纵梁在施工缝接茬处存在个别鼓包，在合模后，台车模板与顶纵梁不贴合，存在缝隙较大，有漏浆现象，造成错台。二是大块竹胶板拼缝位置固定不牢固，主要反映在大面积的侧墙施工部位，由于两块竹胶板拼缝位置与背肋方木固定的水泥钉间距过大，在吊装模板时有个别脱落，造成拼缝处翘曲，因此造成拼缝错台。

3. 混凝土冷缝

主要原因：由于多为暗挖结构，泵管输送距离较长，如果混凝土和易性稍差就会造成堵管，拆管疏通再拼接间隔时间较长，而初始浇筑的混凝土在台车模板上的流挂面水泥浆干涸较快，形成带状，类似冷缝。

4. 局部蜂窝麻面

主要原因：一是混凝土水灰比较大，与模板贴合面易形成水泡；二是脱模剂涂刷不均匀，拆模时有局部粘模现象，造成拆模面不光滑；三是平板振捣器振捣不均匀，振捣开启顺序不合理和振捣时间过短，不能保证水泡的全部排出。

5. 区间二衬渗漏水

主要原因：由于区间暗挖没有设计降水井（地勘为泥岩、砾岩地层），导致初支施工完成后存在多处裂隙水从拱顶滴落。

针对该情况，在二衬施工前，先统一对暗挖面进行了回填注浆处理，但止水效果不佳，在防水（高分子自粘胶膜防水卷材）敷设前初支面仍有渗水情况。为了确保裂隙水顺利排出，在积水集中的地方设置了引流管引排。

防水卷材铺设过程中虽然严格检查铺设质量，但卷材连接工艺为冷粘法，在浇筑混凝土后可能因为存在局部挤压造成卷材开口（基面有渗水情况搭接边粘结质量较差）。加之部分二衬结构振捣不密实，结构防水效果不理想，造成浇筑完成的二衬渗漏点较多。

四、针对质量缺陷采取的措施

（一）模板打磨清理控制

为了保证车站台车清理到位，台车模板每模在拆模后直接推至前一板工作面进行打磨清理，清理完成并涂刷色拉油脱模剂后退回原位，采用土工布封堵保护，防止灰尘落至模板表面造成模板二次污染。

区间台车在平移前搭设平台进行集中打磨清理，打磨完成后使用洗洁精进行全面清洗，清洗完成并晾晒干燥后，涂刷模板漆，并经验收合格后再推至作业面进行混凝土浇筑。

（二）混凝土性能控制

为了确保混凝土的流动性满足入模要求，每车混凝土到场后先在地面上进行坍落度测试，并在井下泵管出口处再次测试混凝土坍落度，根据坍落度的损失情况，确定合理的混凝土性能指标，提前做好预控，确保混凝土的入模性能。

（三）车站混凝土浇筑措施

车站边跨台车浇筑时采用先从边墙观察口部位下料，浇筑到观察口位置时封闭观察口再从拱顶下料的浇筑顺序。这样一是能够避免直接从拱顶下料冲刷台车脱模剂，以致出现色差明显的状况；二是从观察口下料后可直接采用插入式振捣棒进行振捣，增强边墙的振捣质量。

（四）换乘厅混凝土浇筑措施

考虑到换乘厅人防墙一次浇筑段过长，且为全封闭木模板结构的问题，为了改善混凝土实体质量，从墙顶一次下料改进为分别从墙顶和墙中部分两次下料的浇筑方式，并在侧墙沿高度方向上再增加一排振捣孔，采用插入振捣器和平板振捣器分 50cm 一层，同时振捣的浇筑方式。这样一来，一是避免了从墙顶直接下料造成混凝土离析，二是避免了一次浇筑高度过大容易造成的漏振现象。

（五）结构止水处理措施

针对已施工二衬结构存在渗水的问题，后续二衬结构施工前重新对初支面渗流水的状况进行集中注浆堵水处理，并在防水施工时，改变卷材连接工艺，将冷粘工艺改为热熔工艺，增强了搭接边的粘结强度。另外，加强了结构混凝土振捣、养护等工作，提高了结构自防水能力，结构渗漏水现象有明显减少。

（六）混凝土养护

为防止混凝土在拆模后表面失水过快产生裂缝，在混凝土拆模后，及时采取措施养护混凝土，车站二衬扣拱混凝土侧面采用塑料薄膜覆盖浇水养护，顶面采用喷水养护措施。换乘厅侧墙采用塑料薄膜全覆盖，保水养护措施。

（七）实施措施后实体质量提升情况

实施措施后，混凝土的观感色差、错台、蜂窝麻面、冷缝、渗漏水等状况有明显好转。

结论

本文针对北京地铁 16 号线某标段结构混凝土存在的质量缺陷进行了系统的原因分析，并采取了有针对性的改进提升措施。措施实施后达到了预期效果，整体施工质量得到了有效提升，希望为其他类似地铁结构工程的施工提供借鉴和参考。

参考文献

[1] 混凝土质量控制标准 GB 50164—2011.
[2] 大体积混凝土施工规范 GB 50496—2009.

悬臂浇筑中几种墩梁临时固结形式的运用

林春松
上海建科工程咨询有限公司

临时固结以最大不平衡弯矩 M 和相应竖向反力 N 确定固结装置的抗压强度；以挂篮连带悬臂节段混凝土坠落状态为最不利倾覆弯矩计算产生的拉应力，确定临时固结装置的锚固拉力。目前主要固结方式有：（1）墩顶预埋钢筋和硫磺砂浆临时支座组成的墩梁固结。（2）墩顶预埋钢筋与砂筒组成的墩梁固结。（3）竖向预应力筋与钢管桩组成的墩梁固结。（4）混凝土支墩并采取有效措施与梁体固结。（5）钢管混凝土柱与混凝土柱内预埋钢筋组成的墩梁固结。

本文根据在永久墩身处及墩身外设置支撑，将上述五类固结方式分为墩内固结与墩外固结两种形式，其中（1）和（2）属于墩内固结，（3）、（4）、（5）属于墩外固结。下面结合工程实际，阐述几种临时固结方法在悬浇法施工中的运用及各自优缺点。

一、墩顶预埋钢筋和硫磺砂浆临时支座组成的墩梁固结

此种固结方式优点是结构简单，施工较为方便，梁体施工过程比较稳固安全；缺点是电解电阻等容易出现故障，往往不能完全熔化临时支座，需要人工凿除，耗时耗力。

现以本人参建过的新建铁路福厦线站前工程 1 标闽江特大桥 40+2×72+40（m）连续梁为例，通过详细计算，阐述本工法的可行性。

（一）工程概述

闽江特大桥 40+2×72+40（m）连续梁采用单箱单室断面，顶板宽为 11.6m，底板宽 6.0m，两翼悬臂各长 2.8m，中支座处梁高 5.89m，跨中和边跨现浇梁段梁高 3.29m，底板厚由跨中的 0.4m 按圆曲线变化至中支点梁根部的 0.8m，中支点处局部加厚到 1.3m。

中墩主要悬臂段划分为 0 号梁段、A1–A9 号梁段，其中 0 号梁段长 12m，A1–A5 号梁段长 3m，A6–A9 号梁段长 3.5m，对应中墩承台平面尺寸为 10.4m×15.5m，墩处设置四个临时支座，平面尺寸为 1.6m×0.71m。临时支座中心距墩身横桥向中心线为 1.40m，距墩身纵桥向中心线为 2.60m，即两临时支座中心纵、横桥向距离分别为 2.80m、5.20m，对称布置于墩中两侧。每个临时支座通过 66 根 HRB400 Φ32 螺纹钢筋将梁体与墩身连接，钢筋伸入墩帽 1280mm，伸入梁体 1100mm（锚入梁体直段长度为 850mm，设置弯钩 250mm）。

（二）最不利荷载工况分析

最不利状态为施工完最后一个块段，撤去 Ai 侧节段挂篮，保留 A 侧挂篮，考虑 ±2.0% 的已浇筑梁段的胀（缩）模系数，施工过程中横桥向容许不对称重量按一个梁段底板重量的 20% 考虑，悬臂两侧节段不均衡风荷载按 50% 考虑。[1]

弯矩计算表　　表 1

块段	A侧理论重（kN）	胀2%计重（kN）	力臂（m）	M（kN·m）	Ai侧理论重（kN）	缩2%计重（kN）	力臂（m）	Mi（kN·m）
1	1370.05	1397.5	7.5	10480.9	1322.4	1295.9	7.5	9719.3
2	1256.1	1281.2	10.5	13452.8	1232.3	1207.6	10.5	12679.9
3	1173.95	1197.4	13.5	16165.3	1171.3	1147.9	13.5	15496.3
4	1073.25	1094.7	16.5	18062.8	1075.9	1054.4	16.5	17397.3
5	1001.7	1021.7	19.5	19923.8	985.8	966.1	19.5	18838.6
6	1105.05	1127.2	22.8	25642.7	1105.1	1082.9	22.8	24637.1
7	1028.2	1048.8	26.3	27530.1	983.2	963.5	26.3	25291.5
8	922.2	940.6	29.8	27984.2	999.1	979.1	29.8	29127.3
9	911.6	929.8	33.3	30916.9	911.6	893.4	33.3	29704.5
0	7027.8	7168.4	0.0	0.0				
A侧及0号块总重:		17207.3	kN	Ai侧块段总重:		9590.7	kN	
A侧弯矩合计（kN·m）:				190159.4	Ai侧弯矩合计（kN·m）:			182891.8
单只挂篮	700	kN	33.3	23275.0	kN·m			

（三）支反力计算

以墩中心作为力矩点，得到的不平衡弯矩最大，相关计算见弯矩计算表。

主梁断面全宽 B 取 11.6m，梁高 H 取平均值 4.59m，福州地区基本风速 V_{10}=37.4m/s，本桥处于海岸处，地表状况为 A 类，桥梁构件基准高度按 27.6m 计，悬臂段水平加载长度为 35m，由《公路桥梁抗风设计规范》（JTG/T D60–01–2004）表 3.2.5 知风速高度变化修正系数 K_1=1.33；由表 4.2.1 经内插法得到水平加载长度为 35m 时，静阵风系数 G_v=1.286。

参考《公路桥梁抗风设计规范》风荷载表达式 4–16 知竖向风荷载可按下式计算：

$$P_V=\frac{1}{2}\rho V_g^2 C_h B$$ [2]，

其中 ρ 为空气密度取为 1.25kg/m^3；

V_g 代表静阵风风速，由 4.2.1 式知 $V_g=G_vV_Z=G_vK_1V_{10}=1.286\times1.33\times37.4$=63.97m/s；

C_h 代表主梁阻力系数，$1<B/H=2.53<8$，主梁阻力系数 $C_h=2.1-0.1(B/H)=1.847$[3]。

有 $P_V=0.5\times1.25\times63.97\times63.97\times1.847\times11.6$=54797.1N/m，

考虑 50% 不对称风荷载工况，不平衡弯矩 $M_风=0.5ql^2=0.5\times0.5P_Vl^2$=16781.6kN·m，

混凝土自重及挂篮等不平衡荷载引起的弯矩：$M_恒=\sum(R_A\times L_A+R_{挂篮}\times L_{挂篮}-R_{Ai}\times L_{Ai})$，

有 $M_恒$=190159.4+23275.0–182891.8 =30542.6kN·m（相关计算数据见弯矩计算表）。

综上所述，最大不平衡弯矩为 $M=M_风+M_恒$=16781.6+30542.6=47324.2kN·m。

以悬臂梁体为研究对象，受力图式如下：

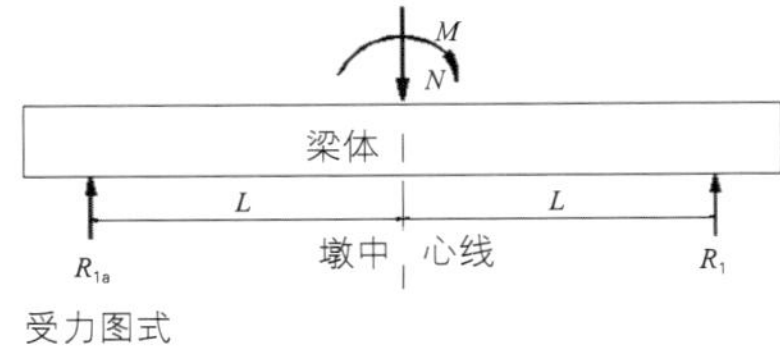

受力图式

其中 N 代表最大竖向反力，按悬臂梁段自重加上两只挂篮自重考虑，由前表可知：

N=17207.3+9590.7+700+700=28198.0kN，

对 R_1 点取矩有 $2L\times R_{1a}+M=NL$，同理，对 R_{1a} 取矩有 $2L\times R_1=N\times L+M$。本例中 L=1.4m，将各值代入上式，得到 R_{1a}=–2802.5kN（负数代表力作用方向与假定方向相反，即 R_{1a} 向下）；R_1=31000.5kN，方向向上，由作用力与反作用力知 R_1 侧临时支座受压，有单个临时支座需提供反力最大值 $R_{max}=R_1\div2$=15500.3kN。

考虑横桥向偏载影响，横桥向不对称荷载为 $12.0\times6.0\times0.8\times26.5\times0.2$=305.3kN，

按照最大偏载位置考虑，$M_h=305.3\times3$=915.9kN·m，

在 M_h 作用下，最外侧单个临时支座压力增加 $\frac{M_h}{0.52}$ =176.1kN。

综上所述，单个临时支座轴向压力最大值为 $R_总=\frac{R_1}{2}$+176.1=15676.4kN。

（四）临时支座混凝土与锚固钢筋验算

1. 临时支座混凝土强度验算

$R_总$=15676.4kN，面积 =1.6×0.71=1.136m^2，

压应力 σ=15676.4÷1.136=13799.65kN/m^2=13.8MPa，查得 C40 混凝土轴心抗压强度设计值为 19.1MPa。

有压应力 σ=13.8MPa < 19.1 MPa，得出结论：临时支座混凝土强度满足承压要求。

2. 临时支座锚固钢筋抗弯拉验算

查得 HRB400 Φ32 螺纹钢筋抗拉强度设计值为 360N/mm^2，单根 Φ32 螺纹钢筋计算截面积为 804.2mm^2，则单根钢筋可承受设计拉力为 360×804.2=289512N=289.5kN。

单侧 66×2=132 根可以承受的不平衡弯矩为 $M_锚$=289.5×132×1.4=53499.6kN·m。

有 $M_锚>M$=47324.2kN·m，得出结论：临时支座锚固钢筋满足抗弯拉要求。

3. 临时支座钢筋锚固长度验算

锚固长度 $L_a\geqslant\alpha\times f_y\times d/f_t$[4]，

其中 α 表示锚固钢筋外形系数；d 代表钢筋直径；f_y 表示钢筋屈服应力；f_t 表示混凝土抗拉强度。

本例中采用 HRB400 钢筋，f_y=400N/mm^2；混凝土强度等级为 C50 时，f_t=1.89MPa，强度等级为 C40 时，f_t=1.71MPa；

螺纹钢时锚固外形系数取 0.14，本例中钢筋直径大于 25mm，需要乘以修正系数 1.1，即 $\alpha=0.14\times1.1=0.154$；

对梁体（标号 C50）锚固长度进行验算：

$L_a\geqslant\alpha\times f_y\times d/f_t=0.154\times400\times32\div1.89$=1042.9mm < 1100mm。

对墩帽（标号 C40）锚固长度进行验算：

$L_a\geqslant\alpha\times f_y\times d/f_t=0.154\times400\times32\div1.71$=1152.7mm < 1280mm。

结论：钢筋锚固长度符合要求。

综上所述，在连续梁悬臂施工过程中，可采用墩顶预埋钢筋和硫磺砂浆临

时支座组成的临时固结来平衡施工过程中产生的不平衡弯矩及荷载。

二、墩顶预埋钢筋与砂筒组成的墩梁固结

此种固结方法优点是墩梁固结较为稳定，拆除方便；缺点是砂筒在承受梁体重量和施工荷载时有较小沉降，易造成砂筒受力不均。

此种固结方式与第（1）种固结方式相近，由预埋钢筋平衡施工过程中产生的不平衡弯矩，由砂筒承受施工过程中的不平衡荷载，理论验算不再赘述。

三、竖向预应力筋与钢管桩组成的墩梁固结

此种固结方式的优点是钢管桩作为0号块支撑，简化了支架，拆除方便；缺点是钢管易倾斜，同一排钢管桩顶面很难控制在一条直线上，导致钢管受力不均，稳定性稍差，现仍以闽江特大桥40+2×72+40（m）连续梁为例，阐述该工法的可行性。

（一）工程概述

临时支座每个0号块设置四根钢管桩，每侧各2个，直径为1500mm，壁厚16mm，管桩中心距墩身横桥向中心线为3.50m，距墩身纵桥向中心线为2.60m，即两管桩中心纵、横桥向距离分别为7.0m、5.20m。

（二）支反力计算

由第一种固结方式的分析可知：两侧最大不平衡弯矩M=47324.2kN·m，最大竖向反力N=28198.0kN。

受力图式与第一种固结方式相同，以悬臂梁体为研究对象，对R_1点取矩有$2L\times R_{1a}+M=NL$，同理，对R_{1a}取矩有$2L\times R_1=N\times L+M$。

本例中L=3.5m，将各值代入上式，得到R_{1a}=7338.4kN，R_1=20859.6kN（作用力方向与假定相同，均向上），由作用力与反作用力知两侧管桩均受压，单根管桩需提供反力最大值$R_{max}=\frac{R_1}{2}$=10429.8kN。

考虑横桥向偏载影响，横桥向不对称荷载为305.3kN，按照最大偏载位置考虑，M_h=305.3×3=915.9kN·m，在M_h作用下，最外侧单根管桩压力增加$\frac{M_h}{0.52}$=176.1kN。

综上所述，单根管桩轴向压力最大值为$R_{总}$=10429.8+176.1=10605.9kN=1.06×10^{7}N。

（三）钢管桩与竖向预应力筋验算

由1500÷16=93.75<100$\frac{235}{fy}$=100，知支撑钢管直径与壁厚比满足要求[5]。

1. 强度验算

钢管截面积$A_g=\frac{\pi\left(D^2-d^2\right)}{4}$=74556.2mm^2，压应力$\sigma=R_{总}/A_g$=142.2MPa，

支撑钢管采用Q235焊接，壁厚16mm，查得钢材抗压强度设计值为215MPa，

由σ=142.2MPa < 215MPa，

得出结论：支撑钢管满足承压要求。

2. 支撑钢管稳定性验算

回转半径$i=\sqrt{\frac{I}{A}}=\frac{\sqrt{D^2+d^2}}{4}$=524.7mm，

支撑钢管高度按22m计算，两端以铰接考虑，有$\lambda=\frac{\mu l}{i}=\frac{1\times 22000}{524.7}$=41.9，

查《钢结构设计规范》附录C得到稳定系数j=0.936，

$\frac{N}{\varphi A}=\frac{R_{总}}{\varphi A}=\frac{1.06\times 10^7}{0.936\times 74556.2}$=151.9 MPa < 215 MPa，

得出结论：不考虑竖向预应力筋的牵拉作用，支撑钢管稳定性满足要求。

3. 竖向预应力筋验算

竖向预应力筋采用公称直径为15.2mm，公称截面积为140mm^2，抗拉强度标准值为1860MPa的高强度低松弛预应力钢绞线，单侧临时固结设置4束15ϕ15.2钢绞线，其中2束设于支撑钢管处，另外2束与墩身横桥向中心线距离为4.80m，与墩身纵桥向中心线距离均为2.60m，钢绞线通过腹板锚固在箱梁顶面。

锚下控制应力取0.75fpk=1860×0.75=1395MPa，

则单根钢绞线可承受拉力为1395×140=195300N=195.3kN，

单侧60根钢绞线可以承受不平衡弯矩$M_{锚}$=60×195.3×$\frac{3.5+4.8}{2}$=48629.7kN·m，

由M=47324.2kN·m < $M_{锚}$=48629.7kN·m，得出结论：竖向预应力筋满足施工过程产生的不平衡弯矩要求。（为提高稳定性，可于底板或两侧翼板处加设部分预应力筋）

综上所述，在连续梁悬臂施工过程中，可采用钢管桩和竖向预应力筋组成的临时固结来平衡施工过程中产生的不平衡弯矩及荷载。

四、混凝土支墩并采取有效措施与梁体固结

此种固结方法可以通过混凝土支墩内预埋钢筋或设置竖向预应力筋实现有效连接，优点是可适于较长的0号块，

可承受不平衡荷载；缺点是拆除不便。为解决拆除不便问题，当混凝土支墩通过设置竖向预应力筋时，可以在承台上浇筑混凝土支墩，距梁底一定距离内采用钢管柱，钢管柱上设置与梁底密贴的混凝土楔块。通过张拉穿过混凝土支墩的预应力筋，将0号块临时固结在支墩上，体系转换时，只要先放松钢绞线，再将钢管柱切断即可，方便快捷。

此种固结方式由预埋钢筋或者竖向预应力筋承受施工过程中产生的不平衡弯矩，由混凝土支墩承受施工中的不平衡荷载，理论验算与第（1）种、第（3）种固结方式类似，不再赘述。

五、钢管混凝土柱与混凝土柱内预埋钢筋组成的墩梁固结

此种固结方法可以看作是上述第（3）、第（4）种固结方式的组合，优点是可适于较长的0号块，可承受不平衡荷载；缺点是施工工序复杂，当连续梁主墩较高时，一次浇筑很难保证混凝土的浇筑质量，钢管柱安装精度要求也比较高，必须严格控制钢管柱的垂直度，避免产生偏心压力。

此种固结方式由预埋钢筋承受施工过程中产生的不平衡弯矩，由钢管混凝土柱承受施工中的不平衡荷载，理论验算不再赘述。

（一）主要结论

本论文对几种固结方式在悬浇法施工过程中的运用进行分析，阐述相应的可行性与适用性，得出主要结论有：

1. 悬浇法施工，可以采用多种固结方式，当0号块比较短时，可采用墩内固结方式；块段较长时，可采用墩外固结方式。

2. 采用“硫磺砂浆临时支座”固结方式时，因“电解电阻”等容易出现故障，往往不能完全熔化临时支座，需要人工凿除，耗时耗力；采用“砂筒”组成的固结方式可以有效解决拆除问题，但砂筒在承受梁体重量和施工荷载时有较小的沉降，易造成受力不均，可通过对砂筒进行预压并设置合理预抬值来减少沉降及受力不均所带来的不利影响。

3. 墩外固结方式，可采用钢管桩、混凝土支墩或者钢管混凝土支柱承受悬浇法施工过程中产生的不平衡荷载，通过预埋钢筋或者设置竖向预应力筋来平衡施工过程中产生的不平衡弯矩。钢管桩可循环利用，比较经济、合理，同时钢管桩拆除方便，在能保证安全施工的前提下，可以优先考虑“钢管桩”固结方式；混凝土支墩及钢管混凝土柱能够承受更大的不平衡荷载，安全性更高，但拆除困难，造价也更高。

（二）展望

墩梁临时固结是悬臂法施工的关键工序，而从固结装置的设计、制作、拼装、拆除等均需要耗费大量人力、财力、物力，如果于梁体顶部预埋刚性锚固材料，锚固件顶部通过大横梁连接；特殊抗拉、抗压材料经梁体预留孔洞，通过销子与大横梁连接，材料底部可采用“法兰”与承台连接。

这种结构当悬臂一侧梁体有向下倾覆趋势时，通过锚固刚性材料，经梁顶横梁将压力传递给特殊材料，由特殊材料的抗压性能消除悬臂一侧向下倾覆趋势；当悬臂一侧梁体有向上趋势时，特殊材料通过梁顶横梁，经锚固刚性材料将悬臂梁体拉住，消除梁体向上运动趋势。这种结构拆除方便，能快速实现体系转换，同时大部分结构材料可以循环使用，必将带来良好的经济效益，结构示意图如下：

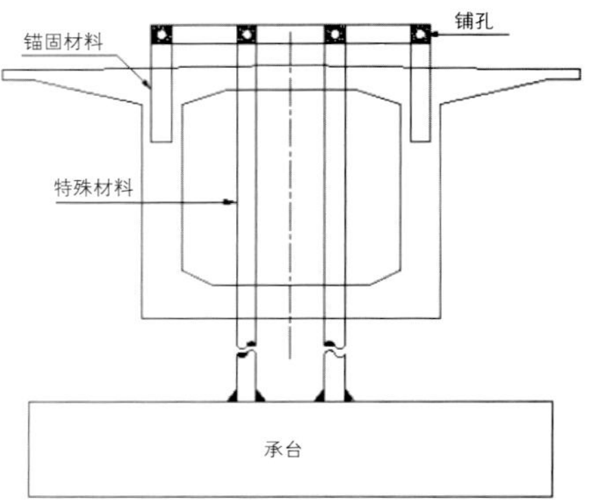

参考文献

[1] 中华人民共和国交通部．公路桥梁抗风设计规范[S].JTG/T D60-01-2004：14.

[2] 中华人民共和国交通部．公路桥梁抗风设计规范[S].JTG/T D60-01-2004：73.

[3] 中华人民共和国交通部．公路桥梁抗风设计规范[S].JTG/T D60-01-2004：11.

[4] 张树仁等．钢筋混凝土与预应力混凝土桥梁结构设计原理[M]. 人民交通出版社出版．2004：38.

[5] 中华人民共和国建设部．钢结构设计规范[S]. GB50017-2003：105.

全过程工程咨询优势原理在九寨鲁能中查沟一期工程中的应用

成都衡泰工程管理有限责任公司

摘　要：一种新的工程管理模式想要有长久的生命力，必定要有其内在的工程逻辑和优势原理。本文结合九寨鲁能中查沟一期工程的全过程工程咨询实践，从“搭接共享，快启增益”“全局视角，整体提高”“权责集中，便于管理”“BIM技术，契合相成”等四个方面，分析总结了全过程工程咨询相对于分段咨询模式的优势。文章最后还给出了作者对开展全过程工程咨询的若干思考。

一种新的工程管理模式想要有长久的生命力，必定有其内在的工程逻辑和优势原理，例如带来更高的质量水准，或带来更好的经济效益。自 2017 年以来，国务院办公厅和住房城乡建设部相继出台《关于促进建筑业持续健康发展的意见》（国办发〔2017〕19 号）、《关于开展全过程工程咨询试点工作的通知》（建市〔2017〕101 号）等文件，提出并要求在建筑业培育全过程工程咨询，目的在于培育一批具有国际水平的全过程工程咨询企业。成都衡泰工程管理有限责任公司在向建设单位宣传承接全过程工程咨询业务时，建设单位提问频率最高的问题之一即是：与传统委托数家单位分别承担各咨询业务（下简称为分段咨询模式）相比，为什么要委托全过程工程咨询？全过程工程咨询对工程项目有什么效益？作为全过程工程咨询单位，无论是对外宣传经营，还是对内实施业务，这都是必须回答好的问题。现结合衡泰公司九寨鲁能中查沟一期工程，对全过程工程咨询的优势原理作初步分析和探讨。

一、全过程工程咨询项目简介

（一）项目概况

九寨鲁能中查沟项目位于四川省阿坝州九寨沟县漳扎镇，总占地面积约 6000 亩，总规划建筑面积约 20 万 m^2。其中一期工程（下简称为本工程）包括希尔顿酒店、丽思卡尔顿酒店和商业小镇，总建筑面积约 12.6 万 m^2。

本工程由成都衡泰工程管理有限责任公司和成都雅仕达建筑装饰工程有限公司组成全过程工程咨询联合体（以下简称为全程咨询单位）。

（二）咨询范围

1. 前期策划

负责组织项目产品策划定位和旅游项目策划工作，并配合进行商业招商。

2. 设计咨询

（1）组建高水平设计管理团队，指定甲乙双方认可的设计总负责人、各专业设计负责人等核心人员。

（2）负责向甲方推荐国内外各专业优秀设计单位，甲方审查确定。

（3）负责各阶段、各专业设计任务书的编制，负责在进行设计管理的同时对设计创作提出意见和建议，以达到设计意图的贯彻落实。

（4）负责根据甲方制订的里程碑计划编制各分项、各专业的设计进度计划以及设计费使用计划，并监督管理该计划的实施。

九寨鲁能中查沟一期工程（希尔顿酒店）

（5）负责对各阶段设计深度、设计水平、限额设计进行审查及控制，定期向甲方提交书面报告。

（6）负责与各专业设计单位（包括但不限于建筑、室内装修、景观、市政、机电、灯光、智能化、消防、艺术品顾问等）、酒店管理公司、商业管理公司就设计条件及成果进行沟通协调，组织图纸会审与设计交底，控制设计变更。

（7）审查主要建筑外立面材料、装饰装修材料、室内家具、建筑设备等的招标文件，参与该材料家具设备的招标工作，对该材料家具设备进场验收。

3. 工程管理

与一般项目管理范围基本相同。具体内容略。

4. 后期运维

在项目竣工验收后，协助酒店管理公司和商业管理公司接收建筑、投入运营，协调解决运营中出现的各类工程及设备问题。

（三）项目咨询机构

建设高峰时，全程咨询单位在本工程有各类咨询工程师45人，其中设计咨询人员15人、工程管理人员25人、造价咨询人员5人。

（四）有关说明

1. 本咨询合同签订于2014年1月，发布于2017年2月的《关于促进建筑业持续健康发展的意见》（国办发〔2017〕19号）提出“培育全过程工程咨询”。本合同签订之时，该咨询业务是冠以“第三方管理”名称，但无论是从合同内容还是从实际工作来看，本工程无疑是一个全过程工程咨询项目。

2. 全程咨询单位已于2017年12月结束本工程咨询服务。

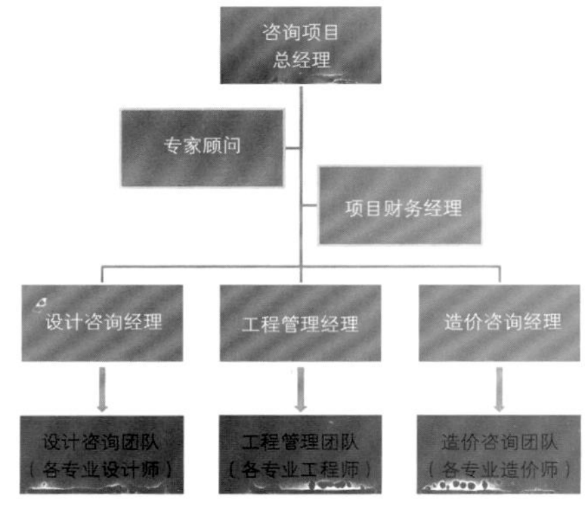

二、全过程工程咨询的优势原理及其应用

（一）搭接共享，快启增益

1. 优势原理分析

搭接是指建设工序搭接，共享是指工程信息共享。

我国长期的工程建设方式，是建设单位把前期策划（可研）、勘察、设计、项管、监理、造价咨询等分别委托给不同的工程咨询企业（即分段咨询模式）。在分段咨询模式下，这些原本互相独立的咨询企业通过与建设单位的合同关系而在同一工程项目发生交集，因而企业之间存在明显的工作界线和信息鸿沟。上家咨询企业的正式书面成果，往往是下家咨询企业开展工作的前提和依据，某些书面成果还需通过规定的报审。正式书面成果一般较少过程信息，上家咨询企业在前阶段的分析论证过程并不能全部准确地传递给下家，下家对正式成果的理解应用还存在是否全面准确的问题；下家企业的经验和专长，也不能及时地借鉴到前阶段工作。当采用全过程工程咨询时，前期策划（可研）、勘察、设计、项管、监理等这些原本互相独立的咨询单位及其业务具有了紧密相连的内部关系属性，各咨询业务可以实现深度搭接、信息共享，工程项目获得如下增益：

（1）把工程咨询的全部或主要内容委托给一家工程咨询企业（或者一个咨询企业联合体），能减少相关招标工作，有利于工程项目的快速启动。

（2）单位界线消失、信息鸿沟填平后，后续工序可与前置工序深度搭接，不但使后续业务能提前准备和作业、缩短工期，而且后续工序人员通过了解前置工序的过程信息，更为准确地理解和掌握前置业务的工作成果，从而提高后续业务的作业质量，必要时还可以为前置业务提供有益的经验和建议。

2. 优势原理应用

本工程属于高级度假型酒店，建筑功能多、品质高，设计单位既有国外的，也有国内的，涉及规划、建筑、结构、暖通、给排水、建筑电气、智能建筑以及精装、园林景观、厨房、灯光、声学、SPA 等众多专业。根据合同约定和甲方要求，全程咨询单位从项目前期即介入项目建设，参与了前期策划、概念设计、方案设计等全部重要的调研与决策活动。这些前期参与，不仅使全程咨询单位透彻地掌握业主意图和设计要点，而且清晰了解建筑设计形成过程，实现后续工序（编制各阶段、各专业设计任务书等）与前置工序（前期策划、概念设计等）深度搭接，做到提前交付设计咨询成果，通过促进设计进度带动工程整体进度。其他诸如解答各设计单位提问、协调各专业设计、审查设计图纸质量等方面，都得益于全程咨询单位在项目前期阶段的深度参与。

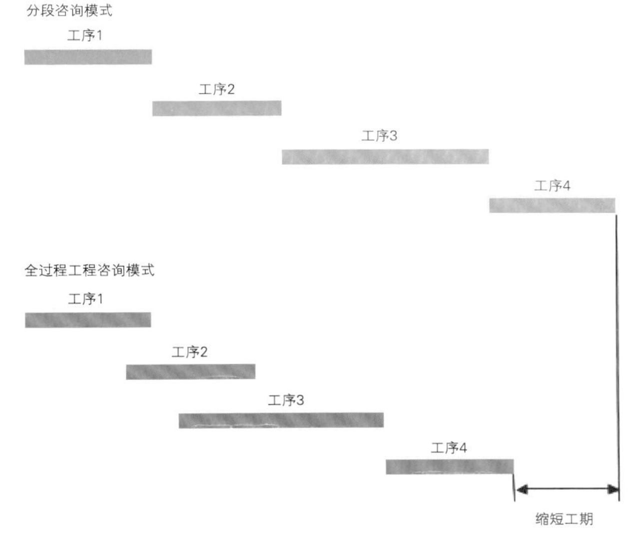

本工程所在地属于建筑节能设计气候分区中的严寒地区。该特点对建筑设计及施工都有重大影响，涉及建筑与围护结构、暖通系统、给排水系统、地基基础、边坡挡墙等诸多方面。本工程是全过程工程咨询项目，在前期策划以及方案设计、初步设计、施工图设计中有关严寒地区的工程信息能提前、顺畅地传递给工程管理人员，有助于控制施工质量，满足严寒条件对建筑的各项要求。

（二）全局视角，整体提高

1. 优势原理分析

在我国长期的分段咨询模式下，虽然工作对象是同一个工程，但咨询各方形成了在工作范围、专长上的较大差异。当采用分段咨询模式时，一家咨询企业只能参与工程项目的某个阶段或某个方面，缺乏全局方法及整体控制。因为咨询各方的视角及专长有所不同，在工程建设过程中难免出现对之前决策、方案进行修改调整的情况，造成项目在工期、造价和质量上的损失。"交通警察、各管一段"式的咨询方式，降低了工程咨询的价值及效率。全过程工程咨询，把多项咨询业务整合为一个有机整体，改善和优化了多项咨询业务的工作边界，在工程决策、制订方案时，能统筹各类工程需要及经验，从全局的视角作出有利于项目整体的安排，有效避免了分段咨询模式的以上弊端。

2. 优势原理应用

山地地形是本工程的另一个显著特点。一期工程酒店多为点状分布的别墅型建筑，地形是影响项目建设的重要因素。因此在项目前期，全程咨询单位即站在工程建设全局的视角，会同建设、设计、总包等单位多次分析研究，对涉及地形因素影响的环节统筹如下：

（1）岩土勘察前的地形测绘必须一次性满足之后的岩土勘察、建筑设计、施工总平面、区域市政、单栋施工等系列工序的需要。

（2）植被保留不仅与项目规划、建筑设计有关，还必须综合之后建筑和市政施工的因素。在此基础上对影响地形测绘的植被予以清除。

（3）总包单位必须参与项目建筑与市政的总平面设计。

（4）项目总体施工须使用测绘成果，遵循正确顺序，即先综合平面、后单栋定位，先永临结合、后全面动工，先边坡支护、后单栋主体。

虽然项目前期在地形测绘上投入了较多人力物力时间，但基于全局视角、统筹协调的地形测绘，在很大程度上防止了后续设计与施工中的重复和错漏，在进度、质量、造价等方面为项目取得了良好效果。

（三）权责集中，便于管理

1. 优势原理分析

工程项目由建设、设计、勘察、施工、监理等多个责任主体分工合作完成，包含繁多的建设程序、复杂的施工工艺、大量的分部分项工程，某些分部分项工程与后期运营维护紧密相关。在分段咨询模式下，因增加了管理对象和流程而增加了建设单位管理的难度，降低了工程建设的效率。一旦发生工程质量问题（事故），由于涉及多个建设主体，责任可能难以明确区分。实行全过程工程咨询，原来分散委托的咨询任务由一家咨询企业（或者一个咨询企业联合体）承担，原来分散的责任得到集中统一，使得工程管理权责明确，有利于提高管理效率和工程质量。对建设单位来说，减少了管理对象和日常工作，能把有限的资源集中于甲方重点关注的内容上。

2. 优势原理应用

在工程项目上，建设、设计、项管、监理、施工等单位通常均有设计图纸管理的职责，因而形成多头管理，易发生错用图纸、变更失控的现象。本工程在各阶段、各专业的设计单位共有 15 家，设计图纸更是版本多、数量多。为理顺本工程设计图纸管理机制，全程咨询单位根据合同规定以及凭借深度参与建筑设计的有利条件，成为本工程图纸版本和设计变更的主要管理机构，即所有图纸的上传下达、设计变更必须通过全程咨询单位（见下图）。全程咨询单位制订了严格的图纸版本和设计变更管理制度，大幅减少了建设单位设计管理的工作量，对于减少工程索赔、提升工程质量起到了重要作用。

（四）BIM 技术，契合相成

BIM（建筑信息模型）的广泛深入应用是建筑工程领域的一大发展趋势，其应用可贯穿于建筑全生命周期，其应用主体是各工程相关主体（建设、设计、勘察、施工、项管、监理、运营）。因此全过程工程咨询和 BIM 技术在建筑全生命周期、工程相关主体等方面高度契合。实行全过程工程咨询，将为 BIM 技术在项目的应用提供管理机制和良好环境。新的管理模式与新的工程技术相辅相成、相得益彰，可大幅提升工程管理水平，带来可观的经济效益。

遗憾的是，BIM 技术在本工程中没有作值得推介的尝试和应用。

三、若干结论及思考

（一）监理企业全程咨询特长和不足

从九寨鲁能中查沟一期工程以及公司正在进行的其他项目来看，以监理项管为主业的监理企业在承担全过程工程咨询时，既有专长特长，也有不足之处。从整体上说，组织协调能力强、管理能力强，工地现场经验丰富，工程知识较为综合全面，熟悉项目建设流程和建设环境，这些是监理企业的长处；但是也存在前期策划、全局关键点把控、

设计及其管理、专业理论基础等方面的短板。另外，监理企业在实施全过程工程咨询时，应更新管理理念和管理手段，防止单一监理思维和惯性带来的不利影响。

监理企业可以通过内部强化升级、组成项目联合体、与设计等其他咨询企业并购重组等方式，弥补自身的短板和不足。

（二）充分发挥全过程工程咨询优势

咨询单位在开展全过程工程咨询时，必须加强对全过程工程咨询优势原理的研究和挖掘，充分发挥全过程工程咨询相对于分段咨询模式的优势，使建设单位可以感受并证实全过程工程咨询在投资、进度和质量等方面带来的效益，如此，全过程工程咨询才能得到推广普及，获得长久的生命力。

（三）从甲方角度看全过程工程咨询

全过程工程咨询至今主要是各级政府及工程咨询单位（乙方）在推动，笔者较少见到建设单位（甲方）主动参与。工程咨询业务是由甲方委托，要培育全过程工程咨询，甲方是极其重要的一方主体。不管是制订政策文件还是开展咨询业务，都不能缺少从甲方角度的观察及考虑，例如：为什么要委托全过程工程咨询？与分段咨询模式相比，全过程工程咨询对工程项目有什么效益？把全部或大部咨询业务委托给一家咨询单位（或一个联合体），是否会因缺少制衡而造成工程造价、质量的失控？等等。这些是全过程工程咨询理论研究及工程实践必须研究好的课题。

全过程工程咨询在扬州戏曲园项目中的实践与应用

江苏苏维工程管理有限公司

摘　要：本文通过扬州戏曲园项目的实践，对全过程工程咨询进行了积极的探索和研究，提出了全过程咨询项目的基本模式，分阶段介绍了实施全过程工程咨询，在策划、计划、管理和运作方面的成功经验。本文还对全过程咨询的进一步发展提出了自己的思考。

关键词：全过程咨询　工程咨询　策划　计划　方案

江苏苏维工程管理有限公司始终坚持工程建设全过程管理的理念。深刻认识到只有运用集成管理的思路，有效整合社会资源，提高项目建设的综合价值，发挥全过程管理单位多资质、多人才、多社会资源的综合管理能力，才能充分体现全过程工程咨询在项目建设中的作用与成效。我们在扬州戏曲园项目全过程工程咨询实践过程中受益匪浅。

一、项目概况

扬州戏曲园由扬州市文化广播新闻出版局负责，扬州艺术学校为建设主体，扬子江置业集团出资代建，江苏苏维工程管理公司承担该项目的全过程工程咨询服务，具体负责项目前期策划、投资咨询、可行性研究、报建报批、设计管理、施工管理和工程监理直至项目交工后评估的全过程集约化咨询服务。项目位于扬州市区四望亭路南侧、新城河东侧。项目建设用地约 3.5 万 m^2，建筑面积 7.3 万 m^2，其中地上 5.8 万 m^2，地下 1.5 万 m^2，（不包括 3000m^2 的旧楼改造、装修）总投资 3.4 亿元。项目分校园、展演展示、非遗传承三个区域，整合了扬剧、木偶、扬州评话、扬州清曲、扬州弹词等国家级戏曲曲艺非遗项目，汇集教学、培训、研究、展示、排练、录制等功能。建成后将成为非遗传承、艺术展演和休闲旅游融为一体的文化集聚区。项目于 2014 年 7 月立项，2016 年 3 月破土，主管部门要求新校区 2017 年建成，2018 年学校回迁上课。现校园区已按计划全面建成投入使用，其余区域及室外景观绿化配套工程也已基本完成，工程质量已获得省优质结构工程，工程累计投资节省 3300 余万元。建筑平面布局和设计造型获得了市民的一致好评，项目的建设进展和投入运营都得到了市领导和校方的充分肯定。

二、项目前期阶段的咨询

（一）原艺校改造工程扩展为市重点文化建设项目

扬州戏曲园项目源于扬州文化艺校改造工程，早于 2006 年立项，拟增建教学楼、实验剧场及原有校区的维修改造，总投资 8000 万元，资金来源为自筹、贷款及地方财政补贴。由于资金、规划等问题难以落实，项目停滞。

2013 年初，江苏苏维工程管理有限公司作为工程咨询方受邀参加项目推进会议，会后经综合分析、调查了解，将文化事业与文化产业相融合，我方提出结合非物质文化遗产保护，利用保护基金和原市文化项目存量资产变现解决建设资金的思路。一方面提交了《艺校东扩前期手续办理及方案审查内容》的工作方案，另一方面邀请国内知名建筑设计大师优化设计方案，创新设计的理念，得到了市文广新局、规划局的认同，项目重新申报立项。

根据市委、市政府“理顺机制、整合提升，不断放大我市文化资源优势”“扶持发展非遗文化产业”的政策导向。策划打造集教学、研究、人才培训、制作生产、传承保护、展示销售于一体的“扬州市非物质文化遗产基地——戏曲园”。

2013 年下半年，咨询机构参加项目选址，先后考察了西区双墩路西侧、东区广陵大桥东南侧、北区甘泉影视基地等地，提交了经济分析比较报告，最后确定在原址扩建，正式编制了项目建议书，项目第二次立项，正式定名为扬州戏曲园（艺校改扩建）项目。

（二）项目策划管理

1. 建立全过程工程咨询组织机构

根据项目的规模、特点及业主的需求，公司选派注册结构工程师为项目经理，国家注册咨询工程师、造价工程师、监理工程师为专业工程师组成全过程工程咨询管理团队。团队组成人员既有投资咨询、设计管理、采购管理、现场管理、报建报批专门人才，还有覆盖项目所需的建筑、结构、电气、智能化、暖通、装潢等方面的专业人才。我们还充分利用公司专家库人才优势，组织专家进驻现场，帮助项目现场解决实际问题，很好地推进了项目进展。

2. 编制《扬州戏曲园工程可行性研究报告》

公司在调查研究的基础上，对项目经济效益及社会效益进行了科学的分析和预测，从技术可行性、实施可行性、环境可行性等诸多方面充分论证了项目建设的可行性，从而为业主提供了全面的、客观的、可靠的项目投资价值评估及项目建设进程等咨询意见，为政府的投资决策提供了科学依据。

3. 编制全过程咨询工作大纲（即建设总体控制方案）

扬州戏曲园项目建设总体控制方案内容包括策划管理、报建报批、勘察设计管理、施工组织管理、招标采购管理以及进度、质量、投资、安全、合同、档案管理。方案制定了项目建设的总体思路，包括项目管理模式、工作程序、建设总目标、里程碑节点等；方案明确了项目管理机构职能分配、人员分工；方案还对项目的重点、难点进行了分析，制定了相应的措施、对策。建设总体控制方案成为项目建设全过程管理工作大纲，为项目建设提供了完整的工程咨询意见。

4. 制定项目控制性进度计划体系

协助业主确定建设进度总目标，编制工程进度总策划，建立进度计划控制体系，进度计划体系由项目总进度计划；设计工作、采购工作等分计划以及开工前阶段、施工阶段、竣工交付阶段等阶段性计划组成。项目部不断地收集诸多信息，分析、整理，从而制定工作计划，如：2013 年 1 月 17 日《前期手续办理及方案设计审查的工作计划》、2014 年 5 月《扬州戏曲园项目前期工作计划（建议）》、2014 年 10 月《项目近期工作计划》、2015 年 9 月《项目建设主体网络进度计划》等。

5. 投资咨询为业主决策提供依据

咨询机构组织精通造价专业及熟悉建设工程相关法律法规人员，编写了全项目的投资管理策划，指导全项目的投资管理。在选址阶段，我们对不同地点的场地、地质、交通、运输、配套进行经济对比分析供领导决策；在开工准备阶段，对部分名贵树种保留还是出售决策时，我们又进行了经济分析、新购价与挖运、租地、移栽再挖运、回栽及保养进行经济测算、对比，最终选择先出售再新购方案；在翻改建过程中，原教学楼拟保留，原楼四层，系 20 世纪 70 年代预制楼板框架结构，基础埋深 3.2m，而新建相邻建筑全部地下车库，基础埋深 6~7m，且相距最近处仅 6m，周边势必要围护加固，经测算，除经济上不合理外，还不利于重新统一规划布局，故决策原教学楼拆除。

三、设计阶段咨询

（一）设计方案竞赛

戏曲园作为地区文化标志性工程，在设计上要充分突出艺术性，在时间上要经得起历史检验。我们认真准备、反复推敲编写了详细的设计方案竞赛招标文件，邀请多家省内、外设计院参与方案设计，通过专家组及业主方多次认真研讨，经过淘汰、修改、再淘汰、再修改三轮反复，最终确认了设计方案简洁、新颖、功能齐全、投资合理且符合总体规划要求的设计方案中标。从目前作品的外观效果来看：设计新颖、疏密相间、布局合理，既有当代简洁、明亮、现代的建筑风格又充满了地方文化气息，形成了新的文化地标。

（二）功能需求整合是设计阶段的重要工作

戏曲园项目汇集了扬州文化广播新闻出版局下属的扬剧、木偶、扬州评话、扬州清曲、扬州弹词等 5 家演艺单位。在剧场的设计上，要能够同时满足各种不同演出形式的需求，还要能够满足各个剧种教学、排练、研究、传承和展示的需求，甚至其中木偶剧团还要有生产、制作、陈列和销售的需求。对此，我们在设计前期，多次走访各使用单位，并考察了上海、南京、苏州和安徽等地的同类剧院，认真梳理了各种使用功能需求，并进行适当简化和合并，使功能需求和投资控制得到了高度统一。咨询机构还将详细的功能需求表提供给设计单位，与设计单位进行了充分的沟通和探讨。就如何在满足设计规范的条件下，使各种使用功能得到具体落实。

（三）智慧校园的建设

咨询机构智能化专业人员与设计单位智能化专业人员的相互沟通、研讨，走访调研智能化程度较高的优秀院校，充分了解用户使用功能需求，共同编写了《扬州戏曲园智能化系统工程设计建议书》报业主，《建议书》对智能化设计范围、设计要求提出了总体构想。设计了满足教学、方便学生学习生活的多媒体教学、计算机网络、音视频、智能照明、安保、消防、门禁、计费、节能等 20 余个系统。2015 年 4 月咨询机构组织对《扬州戏曲园智能化初步设计方案》审查，从机房设计到各分系统布局，从室外到室内，从点位到线路、材料，系统全面优化，成就了优秀的智慧校园工程设计。

（四）重大技术问题的沟通与协调管理

因建筑立面效果的需要，E 楼演出大厅局部采用 14m 高 Y 形劲性钢骨混凝土结构柱和跨度 30m 大型曲面结构梁且楼面为不规则平面，结构设计超限，咨询机构配合设计院反复研究、讨论，多次对接设计院和省审图中心，通过了超限审查，满足了建筑要求。E 楼临街面一至四层设计为框架式拉索幕墙，玻璃板块分隔为矩形。幕墙系列竖向拉索直径为 32mm，幕墙面板 10mm Low E+12A+10mm 中空钢化玻璃，施工时施工单位在拉索张拉前要进行施工阶段验算。咨询机构指导施工方进行验算和确定其张拉流程，取得预想的设计效果，得到原设计单位认可。

（五）绿色建筑的策划

引入绿色建筑理念，按绿建二星标准设计建设。

利用闲置的屋面光伏发电。项目屋面布置了 65000W 的光伏阵列、光伏电池组件吸收阳光，将光能转换为直流电，直流电通过并网逆变器输出为稳定的 38CV 交流电，并入国家电网。

设立雨水收集利用系统。在室外埋地设置有效容积为 280m^3 的蓄水池，用于绿化灌溉，道路浇洒和地下车库冲洗等。

加入附近城市蒸汽管网，利用工业废蒸汽作为剧场集中空调制冷机热源，采用汽水板换加热供应学生浴室热水和剧场冬季采暖。

四、项目实施阶段咨询

（一）投资控制管理

投资控制贯穿项目全过程。在方案设计、初步设计阶段进行科学的分析、比较，优化设计；在实施阶段，在基坑支护方案、外墙装修方案及空调系统方案比选方面，提出合理化咨询意见，尽可能降低工程造价。施工过程严格控制涉及费用的变更和签证，驳回施工单位不合理索赔 18 份，有效管控了项目投资。

（二）进度控制管理

围绕进度总目标，我们重点抓了以下几项工作：

1. 招标采购阶段、施工阶段、竣工验收等不同阶段工作计划。

2. 指导、审查施工单位网络进度计划，使其计划控制在项目全过程里程碑进度计划内。

3. 重视合同进度条款的约定。

4. 面对多家设计单位、多家施工单位的工作衔接，合理划分工作界面，保证二作不重叠，且无缝对接。

5. 勤于沟通，牵头做好进度方面的组织协调工作。该项目共组织进度专题会议 30 余次。

（三）质量控制管理

本项目质量目标为“扬子杯”，依据质量目标编制了质量管理控制规划，要求承包商建立完整的质量管理工作体系，规划了总承包商与各分包商、供货商之间的工作界面，质量管理办法，同时也明确了咨询机构质量控制的组织、程序、方法。要求现场监理要抓好事前、事中、事后控制，确保所有检验批、分项、分部和单位工程达到设计和规范要求。另外严把预控关，强调方案在前、实施在后，标准在前、合约在后；严把进场关，对项目建设使用的钢材、商品混凝土、灯具、开关、插座、阀门、电缆、地砖等材料约定品牌，严把调试验收关；对空调、消防报警等系统的设备除约定品牌还明确系统验收技术参数和质量标准。本工程共发出质量类通知单、联系单共 57 份，工程质量得到了有效保证，目前已获得了“省优质结构工程”、“省安全文明工地”称号，正在按程序逐级申报“琼花杯”、“扬子杯”。

（四）采购、合约管理

会同业主确定采购策略，编制了招标采购策划书。要求对招标文件和合同文本按工程管理制度规定的程序进行会签和审批。实施过程中严格按照合同约定进行把关。咨询机构前期直接编制了 13 份项目招标采购文件，后期发出招标、采购联系单 24 份，充分体现项目目标和业主采购意图，并从专业技术角度，对技术界面、组织界面、交付成果、检验验收标准等条款进行把关。本工程还把关各类合同文件 82 份，无投诉、无履约纠纷。

五、交付运营阶段的咨询

在交付运营阶段，我们从运营培训、试运行及后评价三方面提供相应的咨询服务。

（一）运营培训

为了让项目使用和设施运营维护人员熟悉项目，了解各项设施的使用功能和使用维护要求，在项目设计阶段，就邀请使用方相关管理人员参加使用功能设计审查，在安装阶段参加检查验收和调试，竣工阶段组织专题培训参加专项验收。

（二）试运行

提前制定试运行、交付方案，督促、见证施工单位对接收单位操作人员书面进行交底、交接。交付初期要求咨询机构各专业工程师和施工单位、接收单位共同值班维护，保障已接收部分正常工作开展。目前共组织总、分系统试运行 22 项次，专项验收 16 项次。

（三）后评价

未完工程正在扫尾阶段，项目结算尚未展开，届时进行后评价，将采用定性评价与定量评价相结合的方法，对项目建设成果进行后评价。

六、全过程工程咨询实践的思考

（一）全过程工程咨询越早介入作用越明显

该项目自第一次立项十年未能有效展开，咨询机构介入后通过引入了国家及地方政府政策导向的理念，扩展思维、精心组织、有序安排，使停止了达十年的项目获得新生，不但学校规模、硬件水平得到达标提升，一大批地方文化申遗项目也得到保护与发展，成为扬州市政府为民办实事标志项目之一。所以咨询机构越早进入项目，对项目的成功帮助越大。

（二）全过程工程咨询要从政策上配套

从政策上应规定项目全过程咨询单位对造价、设计、代理、监理等单位有统筹协调管理职能，才能发挥项目的集成管理优势，才能体现全过程工程咨询作用。本项目我方虽有政府采购代理资格，但因没有文件规定可以直接承担采购代理，故外聘代理单位代理舞台机械、舞台灯光、音响的采购，因采购过程中产生矛盾导致项目拖延半年之久，严重地延误了后续工程的进度。

（三）全过程工程咨询要从政策上简化

全过程工程咨询涉及工程咨询、造价咨询、招标代理、工程监理、项目管理、勘察设计及政府采购诸多方面，它们是各有主管部门，但项目是一个有机整体。现行政策规定代理、造价是摇号决定中标单位，项目管理公开招标确定中标单位，工程咨询中的可行性研究、项目建议书是通过政府采购确定中标单位，设计是通过竞赛竞标选择中标人，新的全过程咨询招标办法尚未形成，这给全过程咨询发展带来严重障碍，故应尽早出台全过程咨询综合配套政策。

杨房沟水电站EPC总承包的监理服务特点

中国建设监理协会水电建设监理分会
雅砻江流域水电开发有限公司

摘　要：杨房沟水电站主体工程采用设计施工总承包模式建设，对监理服务提出了新挑战和新课题。与常规的施工阶段监理服务相比，增加了设计监理和设备采购管理等工作，提高了监理工作的技术含量；减少了协调和进度控制的工作量，给监理机构和监理人员提出了新的要求，赋予了新的责任。大型水电建设项目采用EPC模式是水电建设管理体制改革的新发展，现场监理机构积极探索创新，适时总结经验，为推动我国水电建设管理深入改革、持续健康发展贡献力量。

关键词：水电建设　EPC总承包　监理服务　特点

一、前言

2016年1月，杨房沟水电站主体工程采用设计施工总承包模式（以下简称EPC模式）开工建设，开辟了国内百万千瓦级大型水电站建设管理改革之先河。随后，新疆阜康、辽宁清原抽水蓄能电站建设项目也开始了EPC模式建设管理试点。新管理模式给参建各方提出了新挑战和新课题。杨房沟水电站EPC模式建设管理历经两年半不断探索实践，工作成效初步显现。

经历艰苦磨炼，方能取得成功的经验。长江委监理中心·长江设计公司联合体承担了杨房沟水电站总承包工程的监理工作。杨房沟水电站EPC项目工程质量要求高，施工安全要求标准化、信息化高，工程创优目标高（创建电力优质工程奖，争创国家优质工程奖），加之工程规模大、地质条件复杂、施工条件差、工程建设管理难度大，EPC模式下赋予监理工程师的权力更大，责任更重，对监理工程师的素质、执业能力要求更高，给监理工作带来了更新、更大的挑战和更高的要求。

二、EPC总承包项目工作范围

水电站主体工程建设一般分为挡水工程、引水发电系统、机电安装三大主标和机电物资采购、辅助设施等若干标段。采取EPC模式后，杨房沟水电站主体工程单独成标。总承包项目工作范围主要包括大坝及泄洪系统、引水发电系统等枢纽建筑工程；施工期交通、风水电及通信、混凝土生产系统等施工辅助工程；环保水保专项工程；机电设备及安装工程、金属结构设备及安装工程等的勘测设计、采购、施工、试运行；负责阶段性验收、完工验收、取水工程验收、达标投产初验及复验、工程竣工验收等；负责移交总承包合同执行管理的前期项目。

三、监理工作范围

杨房沟水电站监理范围与EPC总承包合同对接，涵盖了全部总承包工作内容，全面负责总承包项目的合同管理。除了按照规程规范负责传统模式下的工程安全、质量、进度、合同结算等工作，还负责对总承包项目的勘测设计、采购管理、达标投产及工程验收、环境保护与水土保持、安全监测等工作进行监理。包括但不限于本工程所有土建工程（临时工程、永久工程）、环保水保工程、金属结构采购（制作）与安装工程、机电设备采购与安装工程、联合试运转及服务于本工程项目的其他零星工程，从工程开工直至整个工程全部完建、缺陷责任期结束、工程竣工验收、达标投产、工程创优等合同期限内的全过程勘察设计及施工建设监理。监理工作范围向设计、采购、试运行等阶段拓展。

项目监理范围广、覆盖面宽，对比 DBB 模式监理的工作内容发生了较大的变化，一是增加设计审查、采购管理监理工作内容，且设计审查质量要求高，必须严格控制设计变更，在支持总承包进行合理设计优化的同时，必须依靠设计监理严防过度设计优化；二是监理合同控制目标主要是工程设计、施工质量控制、安全文明施工管理、环保水保管理和合同支付管理等，进度控制不再是监理关注重点；监理不进行合同范围内工程量计量签证，仅进行设计及完工工程量复核；监理协调施工与设计以及各施工标段的工作量减少。

四、监理单位的合同责任

监理人在合同授权范围内履行部分发包人的职责，主要有组建现场监理管理体系；监督承包人建立健全现场履约管理机构；督促承包人按照工程需要和合同约定及时报审文件，对承包人报审文件进行审查或批准；在事先得到发包人批准后，发布开工令、暂时停工或复工令，批准工程延期、索赔、备用金的使用、变更估价、总承包人的分包、更换承包人项目经理部主要人员等；组织或参加工作例会、专题会等，及时协调技术经济委员会对重要、重大设计方案，较大及以上设计变更、设计调整方案等的审查和必要咨询；及时督促并视情况参加承包人组织的设计审查及设计交底等活动；督促承包人定期提交采购计划，审核主要材料、设备的采购计划，审核确认供应商资质，监督并参与采购，负责对进场主要材料进行抽样检验，检查设备参数、性能指标、工况；负责审批新设备、新材料、新技术、新工艺的试验及推广使用；全过程参加发包人、承包人的联合采购活动；及时开展本工程的安全、质量、进度、环保水保及文明施工、投资等的检查、监督、控制；审核承包人的控制测量成果；监督承包人“三检”制落实、检查强制性标准的执行情况，负责对承包人验收评定资料（含支撑资料）和归档资料进行检查、监督、审核；负责对承包人的施工工序进行监督、检查，并组织验收；审核承包人提交的支付签证和工程款支付申请，并报发包人审批。

五、监理机构设置

EPC 项目监理，更注重的是监理对合同执行力度、对规程规范的落实程度、对项目开展的综合协调程度，这与传统 DBB 模式分块合同管理相比有了飞跃式的改变。从管理角度，EPC 监理不仅能对照合同、规范管理，还能通过管理手段提高监理威信、权威，促进总承包加强内部管控，达到免检。因此，对 EPC 监理综合素质要求必然比传统 DBB 监理要求高，也符合 EPC 监理费用总承包模式，鼓励总承包监理从内部自身管理上下功夫，转变 DBB 模式人海战术思维，提高监理队伍整体素质，提升管理效率。

总承包监理部采用矩阵组织结构模式，设置大坝工程监理处、厂房工程监理处、机电物资监理处等 3 个项目监理处，实施现场监督管理；设置设计管理处、质量管理处、合同商务管理处、安全环保监理处、安全监测处及办公室等 6 个专业或职能处（室），承担专业管理、内部协调和后勤服务工作。

六、EPC 监理工作的特点

（一）对监理人员的素质要求更高

根据 EPC 总承包监理合同要求，结合监理服务范围、工作内容，尤其是增加了设计审查和设备采购管理等服务内容后，需要通过高素质、复合型监理人员优化管理思路、完善管理流程、做好电站前瞻管理，以适应设计、施工（安装）、采购、运行，适应土建、金结、机电、安全监测、消防、安防、反恐怖、水保环保、土地复垦甚至移民等的统筹与控制，适应项目启动到项目竣工验收等电站全阶段、全专业、全过程、全方位管理，从而真正落实总承包优势与效益。

因此，要做好 EPC 模式下的监理，必须配置业务素质高、技术过硬、管理过硬的监理人员，组建高效的监理团队。从目前已进场监理人员配置情况来看，现场监理人员配置比例基本满足合同要求。但监理单位以前从事的业务主要是施工阶段监理工作，需进一步加强对水电水利工程建设有关的技术标准、规程、规范，相关政策法规、规定的学习、掌握和运用，以便更好地开展现场监理工作。

（二）工程质量控制目标及达标创优指标要求高

EPC 总承包工程合同质量控制目标和达标创优指标要求较高，质量控制目标高于水电工程施工质量验收评定规范要求，工程必须创行业优质工程并争创国家优质工程奖。

根据 EPC 总承包监理合同的约定，合同目标为：

1. 各项目单元工程质量验评合格率 100%，土建工程优良率≥ 85%，金结及机电安装工程优良率≥ 90%（其中金结及机电安装工程主要单元工程质量全部优良）。

2. 不发生较大及以上质量事故，不留工程隐患。

3. 通过达标投产验收，确保获得电力优质工程奖，争创国家级优质工程奖。

4. 竣工文件：完整、准确、系统，归档及时，案卷质量符合规程规范要求。

（三）合同交底有效贯彻合同原则与约定

目前，国家法律法规、规程规范对 EPC 模式建设管理尚无明确、适宜的规定，合同双方的责任界面、职责和管理办法需在实践中摸索，业主、监理和总承包三方需要有一个磨合期。参建各方大多数管理人员没有参加招投标阶段的工作，对合同文件的了解不足，甚至会存在理解上的分歧。在各参建单位进场以后，组织各方主要管理人员分别就总承包监理合同、总承包合同进行了合同交底，全面针对项目管理、施工管理、勘测设计管理、机电物资管理、合同商务管理（含保险）、投标勘测设计方案清理、年度结算计划等关键节点、关键管理程序进行了讨论、协商，以进一步明确合同各方的职责和管理措施，使合同各方的目标、任务更加明确。合同交底后，形成合同交底备忘录并作为合同的有效组成部分。此外，在工程管理实践中，参建三方通过日常沟通、来往文件、工作例会、履约考核等方式对合同的理解、执行持续进行了交流，合同责任界面日渐清晰，职能对接总体顺利，有效贯彻了杨房沟水电站各项合同的原则和约定。

（四）合同设计交底是设计监理必要措施

EPC 总承包商进场后，必须依据合同约定和设计文件规定的原则，完成类似于 DBB 模式下的招标设计阶段和施工图阶段的设计工作。EPC 总承包合同书中的设计文件作为 EPC 承包商开展设计工作的基本原则和工作基础，也是 EPC 监理单位开展设计监理工作的依据之一。

项目业主在可行性研究阶段组织勘察设计单位进行合同设计技术交底，让 EPC 总承包监理单位深入掌握合同设计总体思路、设计意图、工程总体布置、主要结构设计和设计质量标准要求等，明确设计审查的依据，提高设计审查质量和工作效率，避免设计监理在设计审查时由于标准问题与总承包设计单位发生争议，影响设计、施工进度。

（五）施工监理和设计监理的有效融合

杨房沟水电站主体工程实施 EPC 模式，在监理招标期间项目业主经过充分的研究和论证，并邀请了国内水电监理领域专家进行了咨询（查阅招标文件，仅是接受联合体投标，非明确只能联合体）。

为适应 EPC 模式，在监理机构中新增了设计监理岗位，将其工作内容全部纳入总承包监理范围，以发挥设计监理、施工监理相互融合、综合管控的优势。明确了总承包监理设计管理的具体工作内容和要求，配备满足相关资质条件的设计副总监，设置设计管理部门，明确主审人员的任职要求等；同时，对于总承包单位，同样对设计负责人、设计部门以及设计人员的任职条件和职责提出了明确要求，以提高 EPC 项目设计水平；此外，为充分发挥项目监理、总承包单位等后方专家的技术、管理优势，项目监理、总承包方相应成立了后方专家参与的工程技术委员会以及技术经济委员会，定期开展工地现场巡检，为项目的重大设计方案、施工技术方案提供技术支撑。

总承包方的设计与施工相互会签，发挥设计施工一体化优势。设计文件在报审设计监理前经总承包项目部相关部门、相关工区互签，把施工经验加入设计中，大量降低了因设计文件印发后的非现场条件变化修改或返工，确保设计文件满足质量、安全及合同要求，便于现场组织实施。同样，在重大施工组织措施、施工方案、施工支洞、临建布置等文件报审前，由设计进行会签，确保相关施工措施、方案、临建布置在不影响永久建筑物或结构等合同要求的前提下，更为合理经济，有利于工程质量控制，确保安全。重大技术问题由设计管理部组织联合体工程技术委员会或外部专家提供技术、商务咨询服务，促进了设计监理、施工监理有效融合。

（六）监理单位的安全责任更大

总承包项目实施涉及设计方案、施工方案、安全专项措施。因此，监理严格安全管理，重点在项目实施前需落实设计方案，落实可操作的施工组织、安全专项措施，在实施过程中严格落实实施、强化验收，切实做好安全预控。根据 EPC 总承包监理合同约定，业主委托监理人全面履行建设单位的安全监督职能，并承担相应的安全监督责任（即：监督承包人履行对工程的安全生产责任），全面履行工程现场的安全管理、监督职责，在安全监督工作中必须坚持“安全第一、预防为主、综合治理”的方针，全面履行安全监督工作的责任和义务，通过对施工生产中各种不安全因素的分析和预控制，避免安全事件的发生。

因此，要求监理单位要加强对总承包人高边坡、地下厂房施工期稳定和安全监测分析成果

评审，加强过程控制，促进总承包自律管理，确保施工期和永久建筑物运行期的安全。江西丰城“11.24”事故后，项目业主按法律法规要求强化了安全生产管理体系建设，监理单位的安全生产监督管理责任更大、安全风险更高、任务更重。

（七）BIM 系统提高信息化管理程度

为满足 EPC 模式下杨房沟水电工程数字化、网络化、智能化，进行高效信息化管理的需求，项目业主在总承包合同中明确要求总承包方研发、建设基于“多维 BIM”的工程数字化设计和施工管理一体化系统（简称“BIM 系统”）BIM 系统以工程大数据管控为切入口，利用数字化手段和 BIM 技术对项目的设计、进度、质量、投资、安全等信息进行全面管控，并在系统中实现设计产品的审批功能，实现了工程可视化智慧管理，提高了工程建设管理信息化水平和项目管理效率。

随着 BIM 系统的成功应用和推进，建设、监理、总承包各方信息沟通效率和信息管理水平大幅度提高，提高了文件、技术方案审批流程时效，及时解决施工问题，加速工程进展。

（八）协调工作量减少

杨房沟电站监理服务合同中约定了监理人的 4 项协调工作：

1. 据总承包合同组织协调发包人和总承包人的关系，协助发包人作好除总承包合同以外项目干系人的协调，总承包人内部协调由总承包人自行负责。

2. 配合发包人完成总承包合同规定的发包人提供的条件和相关协调工作。

3. 协助发包人与地方各级政府主管部门的协调工作。

4. 生产准备协调。督促总承包人按照总承包合同文件规定，做好电力生产准备相关工作，确保工程建设与生产运行的有效衔接及平稳过渡。

总承包合同以外项目干系人包括：第三方试验室、水土保持和环境保护人以及 EPC 总承包工程外的业主营地建设、景观建设工程、水土保持植物措施、110kV 供电线路等标段承包人。协调发包人和总承包人的关系，协助发包人协调这些项目干系人与总承包人的关系都是 DBB 模式下监理工作的内容，而大量的施工方和设计方、施工方和设备材料供应方、土建与机电安装等施工标段之间的协调工作成为总承包人的内部管理，不再由监理人负责。与 DBB 模式下监理相比，EPC 模式下的监理人协调工作量明显减少。

（九）进度控制工作量减少

实行总承包后，由于设计和施工高度融合，总承包方对工程项目实施的理解和管控能力从整体上得到了加强，工期安排更为合理并有效，项目实施过程中的相互干扰减小，工期目标实现更有保障；EPC 模式下，项目不再分标段招标，总承包方根据工程实际情况有效布置资源，更有效地发挥现有资源设备潜能，减少各分部分项、各工序之间的施工干扰，灵活调度和统筹协调施工，充分发挥总承包人自身的进度控制优势。因此，与 DBB 模式下的建设监理相比，监理单位的工程进度控制管理工作量大幅度减少。

七、结束语

EPC 模式是结合我国经济发展形势，应对电力市场改革在水电建设管理方面的新探索，作为国内首批采用 EPC 模式建设的大型电站项目，可供参考借鉴的经验有限。在项目建设过程中必然有许多需要深入研究，探索创新、亟待协调解决的难题，不断总结经验，适时建立 EPC 模式下的监理导则并制定合理的总承包监理取费标准，为我国水电事业的持续·健康发展贡献力量。

建设管理PMC模式在国外工程的实践与探索

蒲德云　蒲会玲
四川二滩国际工程咨询有限公司

摘　要：随着国家“走出去”和“一带一路”战略的深入推进，中国企业在国外投资的工程项目快速发展，促进了中国资金和产能的对外输出。国外工程项目的开发建设实施风险相对较高，组织实施与管理难度较大，投资企业要组建一个高效的国际工程项目管理团队面临较大困难。老挝南塔河1号水电站项目建设管理采用“项目管理承包（PMC）模式”，较好解决了该项目建设管理面临的难题。本文以老挝南塔河1号水电站项目建设管理PMC模式所作的管理创新和取得的成效为例进行了简要阐述，希望借此为其他类似国外工程项目的开发建设管理工作提供借鉴。

关键词：国外工程　老挝南塔河1号水电站　建设管理模式　PMC　成效

一、引言

近年来随着国家“走出去”和“一带一路”战略的纵深推进，中国企业加快了国外项目开发建设的步伐和国际化进程，使得国外工程项目开发建设市场随之得到快速拓展或急剧扩张，对高水平和高效率的项目管理人才需求增长比国内工程项目建设管理还要更加强烈和急迫。因此，许多中国投资企业开始创新投资、建设管理模式，充分利用市场机制与社会资源，采用聘请社会化和专业化程度高的咨询公司提供工程建设项目管理服务，以满足中国投资企业国际战略急剧扩张带来的工程项目建设管理人才实际需要。

项目管理承包（Project Management Contract，英文缩写 PMC）是国际工程项目建设应用较普遍的一种成熟管理模式。业主在国外工程项目的建设管理选用这种项目建设管理模式时，通常工程项目建设管理的绝大部分日常工作都由提供项目管理服务的咨询公司来完成，业主在工程项目建设管理具体事务方面的参与度相对较小，使其从项目建设管理常规性事务中彻底解脱出来，更有精力去做好业主方的其他事情。与此同时，由于提供工程建设项目管理服务的专业化咨询公司与业主之间有合同约束，从而使得合同双方的责任分明，分工明确，更有利于相互的协调配合和高效合作，因而更有助于中国投资企业在工程项目建设管理上实现“强强联合，合作共赢”的新局面。

南方电网国际有限责任公司（以下简称“南网国际公司”）是中国南方电网有限责任公司（以下简称“南方电网公司”）的全资子公司，负责南方电网公司国际化战略的具体实施工作，基于这样的背景情况，南网国际公司与老挝国家电力公司（EDL）以 BOT 方式共同投资开发建设老挝南塔河 1 号水电站工程项目，中老双方企业按照 80% ：20% 的出资比例共同注资成立老挝南塔河 1 号电力有限公司（以下简称“项目公司”）负责本工程项目的开发建设和运营管理。老挝南塔河 1 号水电站工程项目位于老挝境内湄公河的一级支流南塔河（Nam Tha）上，总装机容量 168MW，项目总投资约为 4.47 亿美元，项目建设期 4 年、运营期 28 年。

由于老挝南塔河 1 号水电站工程项目建设面临时间紧、任务重、不可控因素多、项目管理难度大等诸多不利因素，工程项目建设管理客观上需要组建一个优秀的项目管理团队。鉴于此，项目公司为了充分利用社会优势资源，借力专业化的咨询公司来为老挝南塔河 1 号水电站提供项目管理服务，以实事求是和勇于创新管理的探索精神，经过慎重分析与认真研究，决定按照国际惯例引入市场化项目管理服务模式，其想法得到了南网国际公司的有力支持，从而通过公开招标方式引进了专业化的咨询公司——四川二滩国际工程咨询有限责任公司（以下简称“二滩国际”）为老挝南塔河 1 号水电站工程提供项目管理服务。

二、老挝南塔河 1 号水电站项目建设管理模式

老挝南塔河 1 号水电站项目建设管理采用“PMC 模式”，由项目管理服务单位组建现场项目管理机构（以下简称“业主工程师”），代表项目公司履行项目实施阶段的项目建设管理工作（征地移民工作另行委托）。业主工程师负责提出工程建设管理体系构建实施方案，并在建设阶段受项目公司委托，全面负责对各相关参建单位（包括设计、监理、设备供应商、施工承包商等）建设活动的日常管理、协调工作，组织完成工程项目建设管理工作，实现项目投资建设各项目标。业主工程师的工作范围涵盖老挝南塔河 1 号水电站项目的主体建安及配套交通、送出工程；工作内容包括工程建设过程中技术、质量、进度、投资、HSE 的组织、协调、监控和管理，以及为项目公司各职能部门的日常工作提供支持和服务，同时协同项目公司工程部处理与老挝政府及老挝电力公司之间的外联和协调事务。

项目公司主要工作是负责重大技术方案决策和确定重要的技术经济指标、里程碑节点，同时进行外部建设环境及相关各方关系的协调，以及生产运行准备等。项目公司对业主工程师的工作进行监督和考核。业主工程师的管理行为接受项目公司的监管，其工作过程中所涉及需要处理的具体事务分为常规性事务和特殊性事务。常规性事务由业主工程师直接决策、执行，同步抄报项目公司即可。特殊性事务（包括但不限于）指工程项目建设实施过程中所涉及的设计变更、合同结算支付和变更处理、年进度计划、总进度计划及阶段性进度计划批

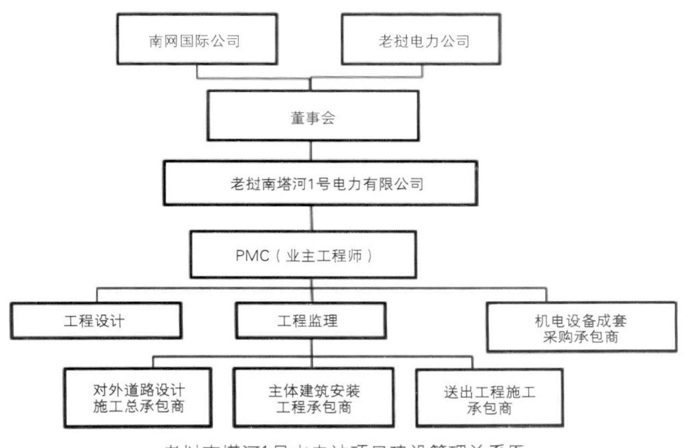

老挝南塔河1号水电站项目建设管理关系图

复、投资计划、产生费用的管理行为（如出差、会务）等的具体特殊性事务，需由业主工程师报项目公司决策批准后方按要求执行。

三、PMC 模式下业主工程师的主要工作

老挝南塔河 1 号水电站业主工程师承担项目建设管理工作，具体包括设计管理、机电设备管理、安健环管理、质量管理、进度管理、投资管理、沟通和协调管理，接受项目公司领导、监督、考核，以及对项目公司工作提供支持和服务等其他方面内容。业主工程师对施工承包商的监督和管理通过监理机构实现，监理机构的工作接受业主工程师的监督和管理。

（一）设计管理

老挝南塔河 1 号水电站业主工程师代表项目公司对设计单位的设计工作进行日常监督、管理和协调。业主工程师在设计管理方面的工作通常包括设计文件的审查、批准与签发，设计计划管理，设计变更管理，现场设计服务监督和科研试验的管理以及技术咨询、设备采购的统筹协调等。

（二）机电设备管理

老挝南塔河 1 号水电站的机电设备由南网国际公司负责成套采购供应。业主工程师代表项目公司负责对机电设备成套供应商的工作进行协调、监督和管理，同时负责现场机电物资实物管理和供应商的现场服务管理。

（三）HSE 管理

职业健康安全环境管理是业主工程师的重要工作之一。老挝南塔 1 号水电站项目的 HSE 管理由项目公司牵头进行，项目公司工程部是 HSE 工作的归口管理部门。业主工程师主要工作内容包括：构建项目公司安全管理体系与应急管理体系，并监督其正常运转；组织各参建单位开展日常与专项安全检查；开展风险预控管理；组织召开安委会；组织开展安全教育培训工作；组织 HSE 考核评比工作等。

（四）质量管理

业主工程师受项目公司委托，代表项目公司在合同授权范围内，对各参建方的质量工作进行监督和管理，其主要工作包括：组织编制本工程质量管理办法和奖罚细则；贯彻落实工程建设质量目标；组织审签设计文件，监督设计产品质量和设计代表服务质量；监督核查监理、施工（安装）、设备采购及制造等单位的质量行为及工程实体质量，发现问题及时采取纠正措施；参加建筑物基础验收，重要隐蔽单元工程、关键部位单元工程验收及分部工程验收；组织开展单位工程验收、合同工程完工验收、各类阶段性验收，国家法规、规范规定的除建设征地、移民安置、环境保护、水土保持、竣工决算以外的各类专项验收，以及竣工验收。

（五）进度管理

业主工程师的进度管理是通过动态控制进度计划的关键节点目标来实现的，其主要工作包括：纠正合同执行过程中出现的进度偏差，经项目公司批准后执行；细化编制项目一级进度计划，经项目公司批准后执行；审查承包商提交、经监理审核的施工总进度计划、年度施工计划，经项目公司批准后执行；参加周、月生产例会和专题协调会，总体掌控关键和重要节点目标的执行情况；跟踪检查设计单位的图纸供应情况、机电成套采购单位的设备采购制造供货情况、监理单位的进度控制情况、施工单位的进度执行情况，协调各参建单位之间进度问题。

（六）投资管理

业主工程师投资管理的主要工作就是执行好已经签订的合同（总价合同），投资控制的目标就是不突破合同的签约价格。业主工程师在本项目投资管理上的主要工作包括：制定结算管理办法；参与原始地形和土石分界线测量；审核监理机构签发的支付证书及计量、计价资料，办理合同价款结算，建立工程计量及合同价款结算台账；审核处理变更 / 索赔，作好工程变更 / 索赔管理；编制工程建设类资金预算计划；积极推行设计优化、施工方案优化，合理节约工程造价；合理管理设计变更和

工程变更，合理控制工程投资。

（七）沟通和协调管理

业主工程师在沟通和协调管理方面的主要工作包括：建立适应于本项目的沟通机制和管理程序；建立定期例会和不定期专题会机制，作为日常沟通、协调平台；配合项目公司职能部门处理与上级单位、老挝各级政府、当地居民，以及与老挝电力公司之间的沟通和协调事务，草拟报送上级单位、老挝政府及 EDL 的工程建设类文件和报告，为项目公司对外沟通、协调提供技术支持。

四、业主工程师项目管理工作开展情况

（一）组建精干、高效的管理机构

PMC 管理团队进场后，即组建了精干高效的项目管理机构，其主要成员均来自二滩国际的管理层或中层骨干，年富力强并且具有良好的专业知识积淀和管理水平。因此，他们作为业主工程师能够从专业的角度更好地完成诸如审签设计方案和设计文件、审查机电设备招标文件技术规范书及商务文本、参加设计联络会和重要厂家验收、审查重大施工方案、处理变更索赔、编写综合性报告、组织工程验收等重要技术和管理工作。

（二）未雨绸缪，精心编制项目管理规划

PMC 管理团队进驻工地后根据掌握的资料编制了《老挝南塔河 1 号水电站工程项目管理规划》，明确了项目管理范围、工作内容与项目管理目标，制定了资源备置计划，拟定了制度编制清单，明确了设计、进度、质量、合同、投资、采购、HSE、信息管理等各项工作的管理工作内容与方法、控制措施，分析了项目潜在的风险与应对措施，以及项目实施过程中的难点、重点与对策等，为后续工作提供了指导性的纲领性文件与依据。

（三）建立管理制度、明确管理职责与管理内容

在主体工程开工前及施工过程中，业主工程师每年不断完善管理制度，为工程建设顺利推进提供建设依据与制度保障。制度明确了各参建单位在工程建设中的管理职责，规定了管理内容与考核要求等，从而促进工程建设迈向规范化、标准化，确保管理活动有章可循、有据可查。

（四）建立良好的沟通协调机制，妥善解决存在的问题

工程建设活动过程中总会遇到这样或那样的问题，工程建设总是在不断地协调解决各类具体问题而不断向前推进。要保持工程建设的连续性，务实高效地解决存在的问题，就必须建立良好的协调沟通机制。业主工程师通过组织召开专题会议、现场工作会议等方式高效地开展协调工作，妥善解决工程建设中存在的困难与问题。

（五）发挥公司总部专业技术优势，提升管理服务水平

在项目建设推进过程中，二滩国际公司技术委员会也给项目管理提供了非常有力的技术和商务支撑。PMC 管理团队在组织重大设计、施工技术方案审查、工程阶段验收、主要招标文件评审等重要事务时，通常都会征询公司技术委员会的意见，或邀请公司专家参加相关会议；公司技术和商务方面的专家都提出了合理、可行、非常有价值的意见或建议，为工程顺利推进作出了重要贡献。

五、老挝南塔河 1 号水电站项目建设管理模式的优点

（一）管理团队精兵强将，提供全方位服务

PMC 管理团队配备了土建、机电、安全、合同、文档等方面的专业管理人员，可谓是精兵强将，服务工作涵盖了质量、进度、投资、合同、档案、协调等方面的内容。管理团队成员均为公司骨干人员，由公司总部精心挑选而组建。精干的管理团队在一定程度上承担了常规模式下业主相关职能部门部分管理职责，有利于业主将更多的精力放在工程建设宏观管理与总体协调工作上。

（二）管理团队集约化管理，务实高效

由于 PMC 管理团队专业齐备、人员精干，便于集约化管理，有利于集中专业技术优势力量，

集中、统一配置，以节俭、约束、高效为价值取向，从而达到降低成本、高效管理的目的。集约化管理的 PMC 管理团队，避免了常规模式下项目业主组织机构庞杂、臃肿、松散、资源浪费等弊病。

（三）管理团队合理化建议，为业主排忧解难

在工程建设过程中，业主工程师提出了多项合理化建议，包括导流洞开挖提前一年完成施工任务的可行性建议，以及左岸边坡开挖过程中遇到的地质问题的整治建议等。

（四）管理团队具有独立性，又与项目业主管理充分融合

由于管理团队负有服务合同责任，具有独立开展工作的权利，但同时也必须在服务合同授权范围内开展相关服务工作。因此，针对服务合同内常规性事务，业主工程师可充分发挥管理水平与特长，独立开展工作；而针对服务合同内非常规性事务，则需与项目业主充分沟通，提出业主工程师合理化建议，由项目业主进行决策，从这一点上必须与业主管理充分融合或保持高度一致。

六、老挝南塔河 1 号水电站 PMC 管理模式取得的实效

（一）经济效益方面

老挝南塔河 1 号水电站工程导流洞长宽高为 584m×8m×12m，原计划工期为 2 年。经对施工作业条件与资源投入研究分析，业主工程师认为导流洞在合理调配资源与精心组织下，提前一年完成施工任务的可行性较大。为此，业主工程师协调各方力量，促使参建各方积极创造开工条件，建议项目业主出资增加 1 台钢模台车，从而使导流洞施工工期较合同工期提前一年完成，为 2015 年 11 月 6 日实现大江截流（导流洞及左右岸坝肩开挖工期缩短 1 年）奠定了坚实的基础。由于业主工程师合理化建议，以及项目业主大力支持与承包商积极响应，该建议方案最终得以实施，使处于关键线路上的相关工作提前一年完成，其所带来的经济效益非同一般。

（二）安全效益方面

安全工作是生产保障工作，安全方面不出问题，即是效益。

老挝南塔河 1 号水电站工程在整个建设期间，施工管控区域未出现人身伤亡安全事故，安全生产可控在控。在高标准严要求下，业主工程师通过加强“安全生产风险分级管控与隐患排查治理双体系”建设，多措并举，全面完成各年度安全生产目标，特别是在历年的防洪度汛工作与左岸边坡地质灾害预警与重大安全隐患治理等方面取得了突出的成绩，实现了安全生产效益最大化。

（三）质量效益方面

自开工以来，老挝南塔河 1 号水电站工程质量得到了老挝政府及股东单位的充分肯定。南网国际公司提出：要把老挝南塔河电站打造成为“一带一路”战略下在东南亚地区的标杆项目。

目前，该工程已进入机组调试阶段，经下闸蓄水验收检查，主体工程质量达到质量目标要求，即单元工程合格率 100%；土建工程优良率 85% 以上；金属结构及机电设备安装工程优良率 90% 以上。经参建各方共同努力，该电站工程质量经受了几年洪水的考验，未出现一般及以上的质量事故，未发生因质量问题而返工的现象，工程质量所带来的效益是显著的。

七、结束语

国外工程项目管理 PMC 是在响应国家“走出去”与建设“一带一路”伟大战略指引下而延伸的服务管理工作，旨在为项目业主提供专业的、优质的管理服务，它顺应了全球经济一体化发展的需求，为项目业主提供了一揽子管理服务，并取得丰硕成果。二滩国际在老挝南塔河 1 号水电站工程项目管理服务活动中的实践与探索有值得借鉴的意义或让人深思的地方。

总监理工程师如何作好项目监理人员的管理

任磊
中国水利水电建设工程咨询中南有限公司

摘　要：在监理项目各类资源投入中，监理人员是最重要的资源条件，监理人员尽责履职是顺利完成监理任务的关键。因此对监理人员配置、人员关系协调并对其有效管理是项目总监理工程师的重要工作之一。高效、有序开展监理工作并顺利完成监理任务，关系到项目监理目标的实现，关系到监理企业的社会信誉及竞争力，因此总监理工程师对项目监理人员的管理应给予高度重视，充分调动监理部成员的主观能动性，提高项目监理的工作质量。

关键词：领导力　制度　人文管理　人才培养

一、总监理工程师的表率作用及领导力艺术

总监理工程师在监理机构中的作用不仅仅是对其他监理人员进行简单的行政管理，在某种程度上还是处理工程技术问题的决策人和项目监理实施的组织者，因此总监应起到好的表率作用，应注意培养和提高自身的领导力艺术。

第一，总监理工程师既是建设单位授权和监理单位授权的承受人，也是向建设单位和监理单位直接负责的承担者。总监是监理机构的核心人物，其言行将受到监理机构成员的关注。在工程项目建设中，总监必须以身作则，不断努力提高自身的专业水平；平时要注意积累经验，并不断总结，扎实工作、为人表率，作到立场公正、尊重科学、尊重事实、清正廉洁、严格监理，在项目监理部起到好的表率作用，才能有助于项目监理内部管理工作的开展。

第二，监理行业是一个智力服务的行业，监理工作开展过程中应向建设单位提供技术咨询服务，因此总监应充分发挥监理组织的技术优势，协同建设、设计、施工单位共同解决工程中的技术难题，以获得建设方的信任、认同，逐步树立起监理的威信。

第三，工程建设的过程中有大量的技术文件和其他文件、报表等需要总监批复，同时由于工程的复杂性，常常会遇到一些技术难题和突发事件，需要总监亲自出面解决处理，因此保持冷静的头脑，谨慎、果断地处理问题是总监必备的能力之一。

第四，工作中总监要适当把握处理问题的度。既要严格把关，又要掌握好分寸，宽严适度；既要协助建设单位利用竞争和激励的机制，促进被监理者自身的项目管理，还要善于利用激励机制，充分调动监理组成员的主观能动性，提高内部监理工作的质量，强化和完善自身的管理。

二、量才适用、完善制度、分工清晰、职责分明

第一，根据监理工程专业特点和施工作业顺序，对监理人员通过合理的配置，进行优化组合，实现优势互补，达到监理人员素质整体优化和监理人力资源有效利用双重目的。总监对监理机构人员的管理要根据现场具体情况、工程规模和特点、监理合同授予监理的权利和义务，并结合现有监理机构人员组成、技术水平及业务技能素质等来综合考虑和统筹安排进行。

第二，总监理工程师在组建项目监理机构时，首先要保证各专业监理人员的合理分工，要根据人员水平、能力，知人善用，力争充分发挥特长、扬长避短，调动工作热情和积极性。对个别缺乏职业道德、能力低下不适应项目的监理人员，要及时通过公司进行调整，以确保监理人员满足业主和工程建设的需要。

第三，要召开监理组内部工作会议，重点明确工作职责并建立相应的工作制度。总监在工作委任上要职责分明，分工明确。对监理机构的每一个岗位，都应明确相应的工作目标和责任，作到事事有人管，人人有职责，工作不重不漏。

第四，总监要随着各阶段施工的展开和现场情况，把握好工作总体大方向，明确各专业在各阶段的重点工作、主要注意事项，对相关人员及工作进行及时而有效的督促。必须让每一个监理人员对自己所做的工作负责，让每一个人都感受到压力。很多项目从开工起就处于赶工状态，方方面面的工作千头万绪，任务重、压力大。只有靠所有监理人员各司其职、共同努力才能履行好公司领导所赋予的总监职责，完成项目监理工作的使命。为此，总监必须善于把任务分解，把工作任务、职责分配到各个专业监理工程师肩上，使全体监理人员在自己的岗位上都明确自己的工作任务，负相应的工作责任，务必保证各专业监理人员能有序开展工作。

三、在成绩评价上要实事求是

第一，总监理工程师在工作成绩评价上要发扬民主作风，实事求是。既要避免监理人员无功自傲，又要避免有功受屈。赏罚分明，使每个监理人员都对工作充满信心和希望。总监理工程师应全面看人，明白用人之长、容人所短的道理。包容但不纵容，对于影响项目监理部的人和事都必须引起高度重视，批评加引导。

第二，总监理工程师必须熟悉监理人员尤其是重点专业、关键岗位上的监理人员的能力。要客观、实事求是，切忌不能以个人喜好为出发点，带有个人情绪安排监理部人员的岗位和具体工作。切忌不能局部放大或缩小监理部成员的优缺点，要客观、公正，否则对项目监理工作的开展是极为不利的。

第三，总监平时要作到以身作则、处理问题公道，不以个人偏见论是非。尊重和关心下属人员，善于沟通思想，使大家能自觉积极努力工作。重视项目监理机构内部人员工作积极性的调动与发挥。注重调动项目监理机构内部人员的积极性，激发他们的工作热情，营造良好的工作氛围和环境。

适当开展团体活动，保证监理人员都以良好的精神风貌投入到工作中。

四、注重人文关怀

第一，总监理工程师对监理人员的心态应予重视，努力打造监理部人员积极向上的心态。在日常工作中，注意观察每个成员的心态，发现心态出现问题，应及时单独沟通了解原因，帮助其解决问题。同时设立学习榜样，增强项目部成员实现自我价值的动力。要多用激励而并非命令的方式安排工作，多用提醒而少用批评的方式提出监理工作中的不足，最终让每个成员都积极主动地完成各自职责。

第二，在目前的工程建设环境下，监理行业存在工作辛苦，待遇不高，工作环境恶劣，加班加点，交通不便，文化生活单调等客观困难。在这样的情况下，总监理工程师更应注重情感管理，加强与项目监理人员之间的情感联系和思想沟通，尽量满足心理诉求，形成和谐融洽的工作氛围。例如节假日前后或者定期、不定期组织监理人员聚餐或其他活动，增进项目监理机构人员情感交流，同时释放工作压力，有效增强团队凝聚力。

第三，通过开展学习和各种形式的交流来提高监理部人员的业务素质和职业道德修养，增强其对监理公司的归属感和忠诚度，从而胜任监理工作，更好地完成合同约定的各项监理任务。

五、强化总监理工程师自身的风险管理意识

第一，作为项目总监要强化并提高自身的风险管理意识，尽量避免和减少风险、损失。工程项目建设存在风险的概率还是比较高的，且有些事故的发生是不可预见的。从风险管理目标的角度分析，建设工程风险可分为投资风险、进度风险、质量风险和安全风险。对于这些风险，总监必须保持敏感并加以关注。

第二，把安全风险工作放在首要位置。总监是监理单位在施工现场的主要安全责任人。因此，首先在对安全风险的观念和认知上要到位，在专业知识上要对工作职责范围内的具体要求有一定的了解和掌握。其次，对现场工程具体安全风险源要作认真分析，列出各阶段的重点安全控制要点。再次，在处理具体事务上要坚决、果断、不含糊。

第三，总监要综观全局，同时要把重点工作抓深抓细，重视动态管理，不要轻易放过工程项目中任何影响安全的细节。最后要提高自我保护意识，该发通知单的要及时发出去；该暂停施工的，要及时下发暂停令；该执行监理报告制度必须严肃执行。同时注意工作的时效性。总之安全风险管理必须是控制得力、管理有方，要善于抓事故苗头，防患于未然。

总而言之，现场监理工作千头万绪，总监理工程师责任重大。总监开展工作要有前瞻性；要善于发现和及时解决问题；要集思广益，注意虚心听取不同意见和建议。要在用人上下功夫，在处理具体问题上多思索，不断总结经验，不断加强学习，提高综合专业知识水平，团结监理部人员，全面完成合同约定的各项监理任务。

再谈总监理工程师的素质培养——总监的沟通能力与技巧

李银良
太原市建设监理有限公司

摘　要：实践证明，监理工作成败与否，总监起到决定性作用。良好的沟通技巧，可使总监在工作中游刃有余，掌控全局。监理公司应加强对总监，特别是年轻总监沟通能力的培养。

关键词：沟通能力　沟通技巧及不同的方式方法

我们知道，总监既是监理单位派驻建设项目履行监理合同的全权代表，又是项目法人通过监理合同认可对建设工程进行施工监理的总责任人，对外向委托人负责，对内向单位法人负责。实践证明，监理工作成败与否，总监起到决定性作用。为了做好监理工作，对内，他需要和项目部全体人员、公司领导层及各部门沟通，对外需要和委托人、承包方、勘测设计单位、主管部门等单位协作。除专业知识及施工监理经验外，沟通协调能力是总监必须具备的执业技能。

一、总监常见的几个沟通问题及建议

（一）缺乏沟通技巧。有些总监不注意沟通场合与时机，不注意说话分寸与技巧，不能站在对方立场上以及第三方立场上考虑问题，导致沟通屡屡失败。有一个案例，业主为了节约资金，在房屋基础的沙砾垫层换填后，要求省略掉地基强度检测这一强制性环节。施工方按其要求在垫层施工后开始作基础防水层。当期例会上总监向总承包方提出了严厉批评。结果业主大发雷霆，指责监理监督不严、马后炮。该案例中，即使预控不到位，施工垫层已经完成，如果总监是一位沟通高手，也是能够妥善解决的。首先总监应单独找到业主代表，诚恳地承认预控不到位的失误；然后告知业主不进行地基强度检测会给工程验收带来麻烦，如果将来地基下沉会给各方当事人包括业主代表带来法律责任；最后提出有效的补救办法。这时对方也许就会欣然同意的。总监应牢记一条沟通金律：任何时候都要站在对方立场上讲话，从对方利益出发或兼顾对方利益解决问题。

（二）沟通思路不清，条理混乱。有的总监自身技术水平不错，施工经验也有，但其语言组织及表达能力差。常常在与对方沟通时抓不住主题、语言冗长、言非主旨、答非所问，绕了半天让听者不得要领，影响沟通效果。这些总监平时应多下功夫多作训练，必要时，沟通前先打草稿或腹稿并反复修改，尽量使自己的语言精练，讲话直达主题，并设想沟通时会出现的问题，对方的立场和思路，做好预案，打有把握之仗。经过长期锻炼，沟通水平会大大提高。

（三）命令式沟通。做好项目监理工作，光靠总监一人是不行的。尤其是大中型项目的工程监理，需要项目全体人员共同协作。把大家拢在一起，拧成一股绳，这是项目成功的关键。有的总监不懂这一点，对内高高在上、自以为是，工作不细、了解不全，不体恤下情，很少与下属沟通或只进行单向的命令式沟通，乱发号令，导致监理人员消极被动工作，监理工作问题百出。对施工方以总监自居，不尊重对方，以帽压人、言语犀利、出言不逊，迫使对方对监理实行对抗、设置障碍，更有甚者通过甲方为难监理，工作举步维艰。公司应对这部分总监进行多渠道模拟培训方式，如案例分析、情景再现、对抗团训等，提高他们的管理能力及沟通能力，使总监成为对内是轴心，对外是标杆，能以德、以技术、以管理服人，能和建设相关方成为朋友。

（四）持有成见，不愿沟通。有的总监和不喜欢、有意见的人不愿沟通，双方互相猜忌，隔阂增加，最后互相对立，工作难以开展。总监必须在工作中放弃个人成见和矛盾，一切为项目让路。要明白：有沟通才有理解，良好的沟通是管理的基础，是与人交往的桥梁。内部沟通可消除隔阂拉近距离，提高士气，增强凝聚力，激发工作热情。对外沟通可增加理解，获得资源与帮助，达成一致意见，实现共同目标。监理公司除进行管理培训外，还应制定并严格执行如岗位责任制、绩效评价奖罚制、总监竞争上岗等制度。从目标控制到完成情况，从业主满意度到经营效果及项目可持续性等多方面考核，加大对项目完成效果的奖罚幅度，激励员工的工作热情。

二、不同沟通方式的特点及注意事项

（一）按照是否有追溯性划分，有正式沟通与非正式沟通。正式沟通一般都有追溯性，如监理例会、通知单、停工令等。由于其追溯性也就显得比较严肃，总监应谨慎利用。无论是行文时间还是内容，以及言语措辞都要慎重，既要实事求是，又要用词委婉；既要依据充分，又要留有余地；既要叙述明了，又要用词简洁。正式沟通的目的是解决问题、留有证据、保护自己，不可刻意伤害任何一方。 非正式沟通一般没有追溯性或追溯性较差，如个别谈心、闲时小酌、短信电话、群里讨论等，一般在轻松环境下进行。沟通双方或多方可以敞开心扉，畅所欲言、各抒己见。这种沟通可拉近双方距离，消除隔阂，解决矛盾。日常沟通大都是这一种。非正式沟通可用语言或非语言（肢体语言）进行，可以是口头的、书面的（如纸条、短信）；可以是面对面的，也可以使用电话、短信、邮件等。总监应熟悉正式沟通的方法，还能善于应用各种非正式沟通的技巧，使项目工作有条不紊。

（二）按沟通主体划分，有内部外部沟通，上下级之间、同级之间沟通，不同部门沟通。总监与监理成员的沟通是内部沟通，也是上下级沟通；和甲方施工方的沟通是外部沟通；和公司其他监理部的沟通是部门沟通；监理工程师之间的沟通是同级沟通。这些不同形式的沟通在日常工作中每天都发生。总监应作好检查、验证监理人员的每一件需要沟通的工作情况，关注那些沟通受阻或沟通失效的事件，了解细节、分析原因，并在每周总结会上分析总结。

（三）按沟通载体划分，有口头沟通和书面沟通。口头沟通可以是面对面的，也可通过视频电话进行。口头沟通能准确便捷地获得信息，为澄清问题、反馈信息提供了便利。同时，面对面沟通还提供了可传递和观察肢体语言信息的机会。口头沟通能听出对方语音的抑扬顿挫和音调色彩。肢体语言变化及语音语调色彩变化是口头沟通内容的延伸，从中可以解读出更丰富的含义。肢体语言不仅被讲话人使用，也被听者使用，有肯定和否定两种。肯定的肢体语言有眼神接触、微笑点头、手势、身体前倾等。否定的肢体语言有皱眉抱臂、没精打采、坐立不安、胡写乱画、打哈欠等。语音及语调色彩变化所富含的信息比较隐晦，需要我们根据场景、主题原意及延伸、沟通双方的关系等因素去洞察，除了要明白其字面意思，还应去品味话里的含义。总监在沟通时，首先不要使用可能被理解为歧视、偏见或攻击性的言辞对人评价。在群体环境下对某人进行评论可能被当事人或他的朋友误解并给评论者带来对立情绪，如关于方言、语言习惯、宗教信仰、身体特征或仪表、特殊习惯等的评论，常常令人不悦。其次，口头沟通应简洁明了，不用生僻词汇。可通过反馈信息来了解你的表述是否被对方理解，如不能确定，可请他们表述。同样，如果你对别人讲话的要点不明白，就把你的理解表达出来，以达成共识。最后，口头沟通时要恰当。不应在对方忙碌时强行沟通，除非事出紧急。沟通前，应询问对方是否有空，并说明沟通内容及需要的时长。同样，当打电话给他人时，应开门见山说明主题和需要的时间，看对方是否方便，是否在适合的时候再打电话。

书面沟通是用文件、邮件、短信等手段的沟通方式。仅在无法召开会议、无法口头沟通或及时传送信息时使用，但应尽量减少文书工作量。总监应明白：

1. 项目参与各方通常都少有时间去看那些包含在琐碎文件中的、并非紧急的、能在下次项目会议上通过口头沟通获得的信息。

2. 书面沟通需清楚简洁，忌长篇大论或含有与主题无关的内容。

3. 配以必要的图表图形是更有效的书面沟通。它们可提供直观明了，易懂易读的视觉信息，比大段文字更让人容易阅读，如监理月报中的形象进度表、监理细则中的监理程序图等。能用图表图形表达的，尽量少用文字叙述。

三、总监的沟通技巧及培养

总监应是良好的沟通者，他需要与项目内部、外部的方方面面进行沟通。在沟通中应能及时发现和解决潜在问题，征求并落实工作改进建议，保证项目监理目标圆满实现。

（一）在监理内部沟通中，总监要有良好的职业心态和大局观，不以个人得失，兴趣喜好去工作，坦诚相待、宽容大度、公平公正地对待下级，创造和谐，分工协作：

1. 总监应放低姿态，主动与下级进行沟通，了解情况，掌握动态。不要让下属敬而远之，导致关系淡化。

2. 一般说来下级对上级交流时会有顾虑和保留，有堤防心理。总监在沟通时要用真诚打动对方，拉近距离，减少对方的心理障碍，达到预期的沟通效果。

3. 设身处地为下属着想，体会对方的感受与需求，对方才能相对体谅你的立场，作出积极的回应。

4. 个别总监从沟通中得到认为重要而紧急的信息，哪怕是单一渠道得来的，不加甄别、整理、消化，更不知保密和正确使用，直接去询问第三方甚至信息当事人。结果是堵塞了周围的信息通道，成为失聪人。

5. 为使下级敢言、善言，可采取提合理化建议、聚会讨论、单独交谈等办法对目前存在的问题提出建议，集思广益，为项目监理机构献计献策。并将这些意见建议归纳整理后，可行的付之行动。即使不可行，也要有反馈。使大家始终保持对项目监理工作的热忱。

6. 多伸手点赞，少出口指责。总监要及时发现监理人员的成绩和进步，然后给予肯定、表扬和奖励。这种表扬和奖励可以是“突袭式”的，让其感到惊喜，获得鼓舞；同时要创造和谐的工作环境，给人以改错机会，不能语出伤人，必要时可批评或处罚，但这种批评或处罚最好不搞“突袭”，特别对平时恪尽职守，偶有过失的人，应事先沟通，打个“预防针”，让他认识到错误，有个思想准备。这样的批评和处罚效果会大不一样。

（二）做好沟通前的准备工作

知己知彼，百战不殆，沟通也如此。总监在日常工作交流中，特别是遇到重大事项、对手不熟悉的外部沟通，必须预先做好功课。

1. 选择了解对方的情况，如脾气与性格、生活与家庭、文化与爱好、专业与职务、社交与背景、观点与诉求等，沟通时就容易拉近感情掌控全局。

2. 充分准备沟通内容，避免盲目性沟通，防止出现尴尬局面。

3. 想好对策。沟通可能出现意外问题、条件、对方的立场和要求。事前考虑得越全面具体，越容易控制主动权。掌握好沟通节奏，达到预期目的。

4. 事先有化解僵局的办法。当沟通无法达到预期目标时，如合同谈判、处理业务、技术洽商等，可能出现对方立场坚定、条件苛刻，无法达到我们预期目标。应事先有预案，考虑好化解僵局的办法，求大同存小异，保持沟通过程的愉快局面，将分歧留在下一次沟通，给双方留足思考时间，也给我们留下迂回机会。

5. 在每次重要的沟通之前，可多打些草稿、腹稿。特别是一些经验不足的年轻总监，打一些草稿、腹稿，列一些提纲，多模拟几遍，可使自己做到临阵不乱，抓纲取目。

6. 平时要多学习，多读书丰富自己，注重讲话的逻辑性和语言能力，沟通水平会逐步提高。

（三）面对面沟通时的注意事项

良好的沟通技巧，可使总监在工作中游刃有余，掌控全局。在面对面交流时应注意以下几点：

1. 交流中尽量不用疑问或反问句。这种语气会让对方感到被质询、被否定、没被尊重，影响沟通效果。应多用肯定的、积极的语言，即使不同意对方的观点，也要从侧面或反面用肯定的语气去迂回、求证、推翻。

2. 了解别人与表达自己是沟通的两个方面，要了解别人就必须善于倾听，集中注意力去聆听，让其感到被重视尊重，以便更好地交流。若对方讲话时你漫不经心，自己讲时口若悬河、夸夸其谈，对方会感到你没有诚意只是在讲演甚至卖弄，这样的沟通效果不会好。

3. 耐心等待对方慢慢进入主题、慢慢把话讲完，不要随意打断对方讲话。在聆听过程中如有疑问或问题，可在纸上速记，等对方讲完后再一一提问。

4. 切忌偏见和固执。偏见可能来自于对讲话者的方言、语调、相貌、服饰或特殊的动作习惯等产生的不愉快感觉，固执有时表现在只听取自己支持的观点，而拒绝你不同意的事物。这些均会表现在聆听者的肢体语言里，影响沟通的顺利进行。总监在面对面交流过程中，要把注意力集中在沟通主题上，同时要理解对方的不同观点，沟通就是要使双方的意见达成一致。

5. 重视非语言沟通。非语言沟通包括肢体语言和面部表情，是理解、表达、反馈沟通信息的重要因素。在前面的口头沟通中讲过，聆听时应关注对方的非语言表达，以便更好地理解对方的讲话，同时也要使用好自己的非语言动作表情，更好地向对方反馈你的理解程度及立场。反之，在自己讲话时也要充分利用非语言功能以帮助表达发言内容，还要观察对方倾听过程中的非语言变化，以帮助了解对方的理解程度、立场和观点。

6. 对方讲话还没结束时，切勿急于得出结论，否则自己会无法静心听完整个讲话，使你的理解与对方的本意不一致。

7. 不可随意转换主题。

坚守——记中国监理大师魏镜宇先生

李伟
北京方圆工程监理有限公司

身材伟岸，双目有神，思路敏捷，他就是中国监理大师魏镜宇先生。魏总是我国第一代监理人，北京方圆监理公司、北京双圆监理公司、北京方圆项目管理公司的主要创始人之一，作为全国首批认定的 100 名注册监理工程师之一，将近 80 岁的他仍然执着地坚守在监理行业的工作岗位上。

一、施工单位锻炼成长

魏总 1959 年参加工作，从工长、技术员干起，先后担任北京市第五建筑公司三里屯使馆区施工队长、工区技术副主任、主任工程师，参建了多项外国驻华使馆的建设项目；1972 年在北京饭店建设中担任指挥部技术组副组长，在国内首次采用了外吊篮外装修施工工艺和方法，节约了外架子成本，实现了外装修与门厅、餐厅的立体交叉施工，保证了施工进度和施工质量；1976 年在毛主席纪念堂施工现场指挥部技术组担任副组长，主要负责施工方案编制等工作，在此期间提出基础底板后浇带经计算分析提前浇筑的建议，为后续工程加快施工进度打下了基础，也为此后的“跳仓法施工取消后浇带”探索了经验；1986 年到北京市建筑技术咨询公司工作，主要为北京市大型建设项目提供技术咨询服务，期间在公开出版物上发表多篇论文，并参与了《高层建筑施工手册》第一版的编写工作。

二、创建北京方圆监理公司

1988 年，北京市建工局按照市建委的要求，以下属的北京市建筑技术咨询公司为班底，参加全国监理工作试点，魏总亲自担任了境外投资项目新世纪饭店的总监理工程师，并作为单位主要负责人管理试点项目中国国家技术监督局综合业务楼的监理工作。魏总在监理工作中努力探索，从监理职责、现场管理、监理资料等方面逐步积累，从无到有，形成了较完整的监理工作程序。试点期间，方圆监理公司初步建立了严密的组织架构、稳定的基本监理队伍，并建立了完善的管理制度，形成了一整套业务流程和工作程序，各项工作走在了全国试点单位的前列，方圆监理公司作为试点单位的代表由魏总在 1989 年 10 月上海召开的第三次全国建设监理工作会上进行了交流发言。由于工作成绩突出，1991 年 3 月 28 日，在建设部和人事部确认的首批 100 名国家注册监理工程师中，魏总名列其中。

1992 年，在顺利完成监理试点工作，总结试点工作经验的基础上，北京方圆工程建设监理公司正式注册成立，是北京市第一批批准注册成立的 16 家监理公司之一，总经理由北京市建工集团副总经理、北京市人大常委会委员周逢担任，魏总担任副总经理兼第二监理所所长。1993 年，在全国首批获得批准的 59 家甲级资质监理公司中，方圆监理公司排名列第一位。

随着基本建设规模的扩大和监理市场的发展，到 1997 年，方圆监理公司三个监理所都发展到较大规模，集团决定三个监理所分立，第二监理所独立为北京双圆监理公司，并决定由魏总担任总经理。2008 年已届退休年龄后，魏总应邀担任方圆监理公司顾问总工程师，并于 2001 年担任方圆监理公司发起成立的北京方圆项目管理公司董事长。

三、专家组组长的传承

2001 年以来，魏总作为方圆监理公司专家组牵头人和方圆项目管理公司负责人，主要集中精力为公司所监理工程提供技术支持，公司专家组不止包括公司内部专家，也包括其他公司专家，还包括施工、设计等方面的社会专家，魏总是要建立一个“所有现场工程问题都可以在这里解决”的顾问团队。

魏总强调监理人员应该努力学习技术，强调提高监理队伍的专业化水平，时常提起监理制度建立之初的定位是“智力密集型服务”，认为不懂专业知识、不学习、不掌握监理履职的基本知识和技能，只懂监理程序、只知道按程序做重复性工作、知其然不知其所以然，这样的监理工作达不到合格水平，监理的行业地位也就无从谈起。魏总督促年轻员工考取高一级职称、考取注册执业资格，并在工作中通过言传身教带年轻人。他要求年轻员工认真读图，并经常以方圆公司几位老员工每次现场验收前在小本子所画铅笔图为例，说明“好记性不如烂笔头”的道理。

魏总强调项目管理与通常的监理业务要有区别，要有能力和责任感为建设单位提供全方位咨询服务，要以合同管理为主要抓手，以使项目平稳有序运行下去为最终目的，直到项目如期按可控的造价完成，做好设计管理、计划管理、成本管理等工作，决不能等同于通常监理工作只要跟着建设单位节奏走就可以了。在魏总领导下，方圆项目管理公司坚持以“管监合一”方式为突破口，把公司技术优势充分加以发挥，先后承接了 20 余个项目的项目管理任务，使公司的项目管理工作业绩在北京市打出了名气。同时，魏总主张能做得好就承接项目，没有把握做好的项目就不要勉强，不是所有的总监都适合从事项目管理工作，不是所有的项目管理项目都适合公司承接，主张“要精耕细作，不要广种薄收”。由于在项目管理方面的突出业绩，方圆监理公司被住建部列为全过程工程咨询试点单位。

魏总强调发挥公司核心竞争力和差别化竞争，力主监理业务创新，一直提倡监理业务不要停留在“程序性”管理阶段，更不能用程序卡人，要以

理服人，要靠技术说话。通过较长时间的摸索，方圆监理公司专家组探索出对项目监理部工作进行检查、监督、支持的工作机制，通过专家组的工作，避免了由项目总监单打独斗，使公司成为一个有机结合的工作团队。公司专家组每隔一段时间，将监理工作创新成果定期或不定期进行汇编，把专家们解决工程中的设计优化和施工技术难题的结论性意见总结合订，供监理人员参考，对于提升监理人员业务能力发挥了很大作用。

四、参与北京监理协会创新研究院的工作

2013 年起，北京市建设监理协会创新研究院成立，魏总被聘为常驻专家，主要参与项目管理与设计管理研究所的工作。魏总将方圆和双圆两个监理公司关于专家审图和专家优化设计的经验应用于北京市监理协会创新研究院的日常工作，经常参与现场技术问题的专家论证。魏总根据多年实际工作经验，通过 60 几项工程的实际经验总结，作为主要起草人，编制了北京市地方标准《大体积混凝土跳仓法施工技术规程》。该规程作为一本纯技术标准，解决了地下室结构后浇带留设后由于清理难度大无法保证工程质量、留置时间长不利于安全文明施工、影响后续工序不利于工程进度等问题，规程颁布后有力地促进了跳仓法在房屋建筑工程领域的应用，取得了很好的经济效益和社会效益。

魏总虽然年纪大，应用计算机能力不足，但对于新事物的理解力和敏感度很强。2012 年北京方圆监理公司 BIM 研究所成立，了解了 BIM 的基本原理后，魏总认为这是一项有前途的技术手段，有利于辅助监理工作，一直主张大力发展。魏总经常为 BIM 研究所的年轻人讲图，并鼓励他们到项目现场去，把 BIM 图和现场实际工程场景对应起来，积累工程经验，总结 BIM 辅助监理工作的“产品”开发，倡导 BIM 研究所和项目总监的协作配合机制，和公司领导一起提出在施工图设计交底阶段和主体结构完成后的室外工程准备阶段，必须由项目总监联络，由 BIM 研究所进行 BIM 应用，使总监为首的项目监理机构的工作与 BIM 研究所的力量相结合，形成合力，展示监理队伍实力，取得了非常好的效果。

老骥伏枥志在千里，魏镜宇作为第一代监理人的代表，仍然精神饱满地活跃在监理工作的第一线，通过言传身教为年轻一代树立了榜样，传承这一代人严谨求实，严肃认真的工作作风，激励我们年轻一代监理人不断奋发努力，为监理行业再创辉煌，走向光辉灿烂的明天。

十年磨四剑——广西大通监理公司监理四项工程荣获“鲁班奖”的匠心创优体会

甘耀域　莫细喜　杨毅
广西大通建设监理咨询管理有限公司

摘　要：随着我国的项目建设日新月异，对工程的质量要求越来越高。监理单位如何协同参建单位尤其是施工单位共建优质工程、共创鲁班奖，是监理同行切磋的课题。广西大通建设监理咨询管理有限公司苦练内功，在十年期间监理的四项建筑工程荣获“鲁班奖”，积累了工程创优的监理经验，获得业主和社会赞誉。本文通过结合工程创优理念，以目标管理意识狠抓质量过程监控，摆正监理位置，协同创优、匠心奉献，对抓好创优资料的可追溯性等等，进行了实践探讨，为监理同行提供一些方法、手段上的参考、借鉴。

关键词：监理企业　目标管理　匠心创优

一、概述

打造企业品牌和监理工程质量的结合发展，始终是监理与咨询企业命脉发展延续的本质。广西大通建设监理咨询管理有限公司自 1993 年 2 月成立以来，砥砺前行，努力开展监理与咨询业务，狠抓监理人员的素质磨炼，积极为业主工程服务，监帮结合促进施工单位的现场管理，保障“三控二管一协调及履行安全职责”工作贯穿在所承担的监理项目中。在 2007 年至 2017 年的十年期间，公司监理的广西区第二招待所会议及宴会中心、广西国土资源厅业务综合楼、广西民族大学西校区图书馆、河池市水电园林广场共四个工程相继荣获“鲁班奖”，获得中国建设监理协会颁发“共创鲁班奖工程监理企业”光荣称号，赢得了业主和社会各界的赞誉认可。

二、对适宜项目事前策划，以“创精品”的目标意识推进管理

工程创优，是监理企业和监理人员对质量监控的心愿，而鲁班奖则是建筑工程质量的最高最优代表。在建筑行业中，无论企业或个人应为能创鲁班奖感到无上荣光，但并不是每一项工程都能创市优、省优、国优、鲁班奖的，至少，它需要一定规模、质量具有先进代表性，要经过监理企业和其他参建单位的共同努力。

我们认为，创精品工程，选准适宜项目是条件，企业重视和相应各层级负责人决心是前提，作好策划和过程匠心控制是关键，各参建单位同心协作是保障，故对适宜项目事前策划，自始至终以“创精品”的目标意识去体现策划意图，具体落实在监控管理的推进上。

（一）我们在每年众多新开工项目中，先选准适宜创优的项目，委托拟创优项目的工地总监与相关参建单位项目负责人共商达成共识。

（二）高标准事前策划和监理规划，形成相关专题会议纪要。

（三）下达公司年度在监工程目标管理的重点创优项目通知到各分公司、项目监理部，抄报业主，抄送施工单位及其他参建单位项目部。

（四）水电设备安装是监控策划的难点，因为水电设备在建筑物中分布多、数量大，故作好水电设备安装质量的创优策划对工程评奖的观感部分非常重要。

例如，监理东盟博览会的接待基地——广西区二招待所各楼栋和会议及宴会中心，我们对众多水电设备安装进行过程策划，要求各设备供应商提前供货，建议业主寻找仓储点，提前规划对设备安装及联动试车的监控方案，通过策划，进而管理、技术攻关，使事后结果超出业主常规的预计，验收时一次成优，将难点转化成了亮点。

三、建立统一协调的共创鲁班奖组织班子和监控体系，进行标准培训

建立共创鲁班奖的组织和监控体系，是工程创优的基本组织保证，我们的做法是成立两个小组＋标准培训：

（一）公司成立工程创优领导小组

工程创优领导小组由公司主要领导挂帅，相关领导和部门负责人组成，对已经明确创优工程尤其是创鲁班奖的项目，调动足够的人力物力特别是能力强的项目总监作保障，注重将创优目标逐一分解，责任到人，坚持作到月月有检查反馈。

（二）工地现场成立统一协调的共创鲁班奖领导小组

明确质量创优目标后，由各参建单位项目负责人在工地现场协商成立共创鲁班奖的领导小组，各成员由各参建单位如业主代表、项目总监、项目经理、技术负责人、专业监理工程师和总、分包单位的质检员、施工员参加，施工总包单位项目经理任组长，监理单位项目总监为副组长，统一协调、分工负责、各司其职，责任细化到施工单位操作班组个人，奖优罚劣。

（三）定期组织参建单位项目人员进行鲁班奖评价标准培训

鲁班奖的质量精髓是“追求完美”，其标准更为严格。为强化对鲁班奖各项标准的理解，公司的工程创优领导小组定期对标准进行宣讲学习，工地现场则由项目总监和施工项目经理定期组织各参建

广西区二招会议及宴会中心

广西国土资源厅业务综合楼

广西民族大学西校区图书馆

河池市水电园林广场

单位人员进行贯标培训，坚持每月召开共创鲁班奖专题业务学习。通过一系列的培训，大家统一了认识，意识到共创鲁班奖，不只是满足规范要求，而是要超越规范，做成精品。

四、严格质量监控，实施全过程样板开路是创鲁班奖的重点工作

工程质量是现场监理工作永恒的主题。共创鲁班奖需要各参建单位尤其是施工单位的总、分包队伍严格按施工规范、检验标准、合同内容、设计图纸等实行程序推进。监理对质量的监控必须严格检验进场的原材料，从检验批着手，从分项分部工程抓起，会同施工单位对实施每道工序完工后的确认，全过程施工实行质量样板开路，检验达到创优标准再大面积展开，进而达到工程的整体优质。我们对细化监理主要是抓好：地基与基础、主体结构、装修装饰、屋面、给排水、电气、智能建筑、通风与空调、电梯安装等的质量控制。同时，对照施工单位的施工创优方案作出相应监理创优方案和技术措施，监管图表上墙，使监控项目的特点、难点、亮点一目了然。

例如，监理广西民族大学西校区图书馆工程，我们公司现场监理部的做法是“三严格三坚持”：

严格对原材料、构配件和设备的检查和平行检验；

严格对隐蔽工程、主体结构、装修装饰、水电设备安装、室外附属工程的检查验收；

严格对关键部位、创优科技含量高的质量控制点进行跟踪检查；

坚持按工序质量样板开路和现场创优小组评价确认后再大面积铺开的制度；

坚持协作施工单位对既有民族特色又有科技含量的多级屋面、挑檐等亮点部位进行科技和工艺攻关，解决技术和质量难题；

坚持质量否决权和热情服务相结合的既有原则又灵活处置的方法手段，把好质量关。

通过我们监理与参建单位对施工质量的帮助不迁就、热情不失职的匠心努力，此工程整体验收时一次成优，为该工程竣工两年后成功评上鲁班奖奠定了坚实基础。

五、摆正监理位置，是顺利开展协同创鲁班奖工作的重要因素

由参建单位的业主、监理、勘察、设计、施工（含总、分包）共创鲁班奖的建设格局既相互依存制约，又相互促进提高，努力的最终目标是共同的。我们始终在工程创优工作中，按照监理合同委托的监理工作范围和监理工作内容，履行好监理的职责和义务。

（一）对业主的相处关系上，及时汇报重要工作处理情况，对相关的质疑作好复查或答复，为业主出谋献策，作好质量卫士。

（二）对勘察单位地质勘察报告的成果数据，在监控地基施工时要心中有数，勤于核对，及时反馈存在问题。

（三）对设计单位的施工图纸做好图纸会审工作，在确保建筑物安全的前提下，图纸设计若偶有缺陷的部位，提出完善和优化设计的监理意见。

例如，在监理广西国土资源厅业务综合楼的过程中，通过报告业主转交监理将大厅地板砖与非承重墙的门口地板砖横直对缝的建议给设计单位，征得设计核算同意微调了局部结构尺寸，结果使得地板砖装饰更加美观顺畅。

施工单位是落实创建鲁班奖策划的实施者、主力军，我们监理千万不能以“太上皇”自居而指手画脚，正确的相处态度是监帮结合，督促施工单位遵守承发包合同，精心组织施工，对装饰的每道工活精雕细作。在监理检查到某施工部位不符合质量要求需要返工重做时，要尽力帮助施工单位出主意想办法，共同把损失降到最低程度。

总之，摆正监理位置，力求到位不越位、履职不越轨，是我们监理和其他四方主体顺利开展共创鲁班奖工作所必须注意的。

六、深入现场，匠心奉献，是做好创鲁班奖工作的保障

共创鲁班奖，从监理公司内部纵向来说，公司的工程创优领导小组成员即副总级以上领导和职能部门负责人，单靠定期开专题会和翻阅项目监理部上交的月报、简报，是远远不够的，还应走出去，多到项目工地现场，直观了解工程情况，才能与项目监理部人员心贴心式的情感沟通，及时给予监理项目诸如技术咨询等方面的支持和帮助。必要时，公司可指派有创优丰富经验的质量管理人员定期蹲点项目，在实施质量控制和资料管理等方面进行监督指导，组织其他项目工地的监理人员到该创优项目工地观摩学习，使大家既感受创优氛围又促进相互交流。

同样，创优项目工地的总监、专业监理工程师和监理员就更要每天自觉坚持深入现场，爬高就低平行检查，掌握创优过程的第一手资料，发现问题及时与相关参建单位管理人员商讨处理，对一般问题的解决绝不过夜，这样才能体现我们监理人的匠心奉献。如果项目总监不起好的示范作用，监理部其他监理人员也习惯在工地办公室等待施工管理人员递交代验收资料表或报告，那监理参与共创鲁班奖只能是走过场形式，于事无补。

七、做好资料管理，督促参建单位保证创优资料的可追溯性不可忽视

收集、整理来自于业主、设计、监理，特别是施工单位的质量、进度、投资、安全管理、合同管理和协调事宜的文件资料，传递、反馈、归类存档是我们监理工作的重要一环。对较大以上项目尤其是工程创优项目，我们的做法是：按公司制度配备有监理员资格的人员专门负责现场资料管理，要求项目总监与各参建单位共商约定，按工程进展，从基础、主体、装修装饰、水电设备安装的检验批、分项工程，分部工程，整体工程的表格、数据、文字记录、图片、电子文档、摄像、通知、纪要等文件资料逐一收集、编排、归档，相互达到及时、准确、完整的规范水平。总监在核签相关施工监理往来文件的同时要注意审阅专业监理师和监理员的监理日志，其他监理人员的签字记录也要与现场实际相一致，与参建各方的资料记载达到相互印证有效。需要注意的是，在创建鲁班奖的过程中，甲供材料可能部分资料不齐全，各专业分包单位填报资料不规范、不完整，资料的可追溯性问题较多，会严重影响创建鲁班奖，因为工程实体和工程资料的要求是必须相辅相成的，故现场项目监理部各成员，尤其总监要及时、经常督促业主、施工总包单位重视材料设备的资料齐全上交，专业分包单位和其他参建单位的各种资料要规范完整，过程追溯也要有原始依据，不能弄虚作假。

例如，监理河池市水电园林广场，我们的项目总监和其他监理成员经常口头善意提醒和针对性发出联系单，告知并催促在时限内收集、填报、上交相关专业材料、设备的原件资料、签证验收单、材料试验资料及发生质量问题的处理资料，保证各种资料的可追溯性，力求同步收集达到真实完整，收到了较好的实效。

八、结语

对适宜项目进行工程创优乃至创鲁班奖，绝不能认为仅仅是施工单位要做的事。我们监理希望施工单位能把适宜项目创建成鲁班奖，首先我们自己要有这种目标管理意识和有作为的配合，如果我们监理连自己都没有这种意识和作为，又怎能协同创优呢？共创鲁班奖，各参建单位缺一不可。

十年磨四剑，剑锋熠熠生辉。过往的成绩激励着我们公司继续重视质量管理，继续争创所监的其他适宜项目获市优、省优、鲁班奖。通过我们监理人和其他参建单位借助创优模式，匠心奉献，合力把项目建成优质工程，使业主项目建设发挥更好的投资效益和社会效益。

创精品工程，做名牌企业

——记京精大房二十七年发展创新之路

曾茹
北京建工京精大房工程建设监理公司

摘　要：自20世纪80年代我国实行工程监理制度以来，监理行业经历了30年蓬勃发展的历史进程，取得了举世瞩目的成就。本文以企业自身发展为着力点，回顾和总结了公司27年来艰苦创业所取得的成绩与宝贵的经验，为探索企业未来发展道路奠定了基础。

关键词：企业管理　品牌传播　创新

20世纪80年代，随着改革开放的推进，我国工程建设领域诞生了一项新的管理制度——工程监理制度。

1988年7月25日，建设部发布《关于开展建设监理工作的通知》，提出建立具有中国特色的建设监理制度；同年11月28日，建设部又发出了《关于开展建设监理试点工作的若干意见》，决定建设监理制度在北京、上海、南京、天津、宁波、沈阳、哈尔滨、深圳等八个城市首先进行试点。

1997年11月1日，第八届全国人大常委会第二十八次会议通过了《中华人民共和国建筑法》。《建筑法》第三条规定："国家推行建筑工程监理制度"。这是我国第一次以法律的形式对工程监理作出规定。

30年的实践证明，工程监理制度的实施，促进了工程监理管理的专业化、社会化发展，保障了建设工程质量和安全生产管理，推动了我国工程管理与国际化接轨。

今年恰逢中国建设监理30周岁华诞，也是国家推动工程监理行业转型升级创新发展的第二年。2017年5月，住房和城乡建设部印发《住房和城乡建设部关于开展全过程工程咨询试点工作的通知》（建市〔2017〕101号），40家试点企业中包括工程监理企业16家，为监理企业创新发展，开展全过程工程咨询提供了有益探索。

北京建工京精大房工程建设监理公司（以下简称京精大房）成立于1991年1月，是北京市成立最早的监理公司之一，具有全国首批建设部监理综合资质及交通部监理甲级资质。公司依托于北京建筑大学，经过二十多年的锤炼，形成了"崇尚学习、勇于创新、精心服务、合作共赢"的独特企业文化，成功缔造了"京精大房"品牌，连续19年被评为全国和北京建设监理行业先进单位，系中国建设监理协会常务理事单位、北京市建设监理协会副会长单位。

回首京精大房27年创业、筑梦之路，我们身处风云变幻、竞争激烈的市场环境，既要深谋远虑，着眼于实际，艰苦奋斗；又要善于总结经验教训，苦练内功，大胆创新，在行业变革的关键时期牢牢把握先机，为实现公司“百年老店”的宏伟目标夯实基础。

“创精品工程，做名牌企业”，不仅是京精大房对业主和社会的承诺，也是全体员工拼搏奋进的强劲动力。27 年来，京精大房人披荆斩棘、风雨同舟，用智慧和汗水浇灌出累累硕果，所承担监理和实施项目管理的工程项目获得“鲁班奖”“国家优质工程奖”“詹天佑奖”“国家钢结构金奖”“全国建筑装饰金奖”“科技奥运奖”“全国用户满意奖”及各类省部级奖共 500 余项，为国家建设作出了应有的贡献。

一、健全企业各项制度，加强精细化管理

精品服务来源于对企业自身品质的精细管理。二十多年来，京精大房形成了独具特色的三大管理体系，即：以内控管理为核心的“行政管理体系”；以继续教育和总结提高为重点的“技术管理体系”；以加强自我控制并持续改进为目标的“服务质量管理体系”。

（一）行政管理体系

公司以《行政管理制度》为核心，明确部门职能、岗位职责及包含经营、生产、技术、人事、劳资等各方面的管理制度及工作制度，构成了科学、高效的管理体系。

（二）技术管理体系

公司以《建设工程监理业务工作手册》为基础，制定了一系列技术规范和技术管理制度，力求使各项目监理部监理服务程序和标准达到统一，从而作到监理工作的匀质化，实现京精大房品牌战略。

（三）服务质量管理体系

公司由《管理手册》《管理体系程序文件》等体系文件指导服务全过程管理。1999 年公司通过质量管理体系 GB/T 19002：1994 idt ISO9002：1994 认证，并在管理中实际应用，连续十多年通过审核。为提高职业健康和环境保护力度，公司先后通过职业健康安全管理体系 GB/T 28001：2001 和环境管理体系 GB/T 24001– idt ISO14001 认证，以提高顾客满意率为追求目标，重在加强自我控制、自我改进、自我完善。

二、打造精英团队，三层技术服务体系为业主精心服务

公司建立了以现场项目部为基础，以公司整体实力为保证，以国内知名专家组成的专家顾问组为支持的三个层次的技术服务体系，以满足业主在工程建设各阶段的全过程需求，并取得最佳社会综合效益。

（一）技术支持层

由公司聘请的地基基础、结构、钢结构、建筑幕墙、建筑设备、电气、道路桥梁、地铁交通、石油化工、项目评估等专业的数十位国内知名专家、学者、院士、技术权威组成专家顾问组。根据业主需求，公司经常组织专家组召开技术工作会，以解决在建项目的决策、设计、施工各阶段的重大技术疑难问题。

（二）技术保证层

由公司总工、各专业总工程师、各专业组构成，经常深入施工现场，随时为项目解决技术、业务问题，并提供咨询服务，不定期进行现场检查验收。

（三）技术骨干层

以总监理工程师、总监代表和监理工程师构成驻场项目管理部或项目监理部，通过严格履行项目管理或监理合同，为业主提供工程技术业务服务。

人才是企业立足之本，也是为业主提供优质服务的重要保证，多年来公司注重高素质人员的开发与培养，凝聚了一批优秀的技术专业人才和管理人才。

三、发挥校企技术和人才优势，为企业发展提供不竭动力

作为北京建筑大学校办企业，公司依托北京

建筑大学雄厚的科研力量和先进的技术设备，与学院共建智能建筑试验室、建筑工程材料试验室、工程结构试验室、道桥试验室、土工试验室、给排水试验室、暖通空调试验室等，不仅为公司所承担工程进行各类检测试验，还可对外承担检测试验任务。

公司还配备了各类专业检测设备、仪器、器具，可满足项目管理、监理和技术咨询服务工作的需要。

公司积极参与学校科研活动，在切实推动“产学研用”体系联动和有效转化科研成果等方面谋求突破与创新。

公司作为北京建筑大学产、学、研基地，每年为北建大师生提供大量社会实践机会，使他们在公司项目和课题研究中得到锻炼与提高，不断积累工作经验，实现学校、企业、师生的三赢。

四、积极参与行业发展，勇担社会责任

京精大房坚持“精心服务，诚实守信，以人为本，业精于勤”的管理理念，以市场为导向，以为业主提供全过程、高水平的建设工程项目监理和管理服务为宗旨，积极满足业主各项需求，积极为社会作更多贡献。公司坚持以行业领先为目标，以品牌为主线，以文化为核心，以人才为根本，以科技为动力，不断优化管理，不断提升效益和企业核心竞争力，把企业做实、做大、做强。

公司坚持在推进企业自身发展的同时，积极参与涉及行业的法规、规范、规程的起草、修编工作，承担或参加住建部、市建委等主管部门的多项课题研究，参与监理教材的编写和授课工作，积极支持行政主管部门的工作，为行业发展作出了应有贡献，曾荣获“中国建设监理事业二十年特殊贡献奖”等多项荣誉。

五、勇于创新，以技术手段提升管理质量

在监理行业向全过程工程咨询服务转型的过程中，完备的管理手段需要引入新技术来促进工程创新。因此，大力开发 BIM、大数据和虚拟现实技术，成为提高设计和施工的效率与精细化管理水平，提升工程设施安全性、维护便利性，降低全生命周期运营维护成本，增强投资效益的必要手段。

公司建立了项目监理信息云平台和监理工作 APP，为实现项目信息公司内部实时沟通、共享提供了平台与技术保障。

2012 年公司开始进行 BIM 技术的相关研发工作，处于行业领先地位。通过数年的探索与发展，在“3D 模型建立”“监理信息插入”“室内效果渲染”“施工工艺模拟”“质量控制”“进度控制”“造价控制”“施工方案比选”“制作动画漫游”等方面取得阶段性成果，为用 BIM 技术进行监理工作事前控制积累了较为丰富的经验。

六、抓住机遇求突破，新时代属于奋斗者

在全球一体化的今天，监理行业传统发展理念和发展模式面临前所未有的严峻挑战，过去侧重施工监理的诸多企业面临市场快速变化带来的紧迫感、危机感。我们应苦练内功，把提高自身能力当做企业发展重点，打铁还需自身硬，只要本领够强，与时俱进，就一定能在激烈的市场竞争中占有一席之地。“潮平两岸阔，风正一帆悬”，30 年弹指一挥间，只争朝夕。

中国特色社会主义进入新时代，中华民族伟大复兴的中国梦召唤着每一位建设者。京精大房将继续遵循“客户就是上帝”的诚信经营理念，敢作敢为，抓住历史机遇寻求突破，用不懈奋斗和精品工程为“京精大房”品牌续写光荣的新篇章。新时代属于奋斗者！

监理放歌
——纪念建设监理制度建立三十周年

河南立新监理咨询有限公司　程宝田

朝阳、白云、蓝天。
乘东风，
飞来翱翔的鸿雁。
从祖国各地启程，
落脚在长城内外，
大江南北，
黄河两岸。
我们是监理的化身，
我们是心灵的呼唤。
我们见证了，
中国建设监理制度，
建立三十周年。

我们激情满怀，
赤诚一片，
从开工的第一天起，
便是中国建设的一员。
三控制、两管理，
为的是工程质量；
一协调、一监督，
为的是确保安全生产。
我们夜以继日，
为的是工程进度，
我们不辞辛劳，
为的是工程圆满。

春回大地的时候，
有监理穿着工装的身影。
赤日炎炎的盛夏，
有监理在现场把关。
秋风瑟瑟的日子，
有监理在工地监督。
滴水成冰的寒冬，
有监理在工地旁站。
一年四季，
春夏秋冬，
我们像钢铁战士，
坚守在施工现场第一线。

吃在工地，
住在工地，
我们无悔无怨；
监理在工地，
守候在工地，
我们在板房里睡眠。
为了工程建设，
我们离开亲人，
起早贪黑一丝不苟，
不到竣工誓不还。
我们发扬的是民族精神，
我们作出的是无私奉献。

在发电厂，
钻锅炉、爬烟囱，
我们顶天立地；
在水电站，
登大坝、装机组，
我们背靠青山；
在风电场，
走山路、登山峰，
我们不畏艰险；
在光伏送出线路上，
爬铁塔、舞银线，
我们奋力登攀。

喝一杯庆功酒吧，
暖暖身子，
暖暖心窝，
庆祝祖国建设捷报传。
为了实现中国梦，
为了华夏变乐园，
为祖国的经济大厦，
我们增瓦添砖。
为了祖国更强大，
为了祖国更繁荣，
再苦再累，
我们心甘情愿。

唱一首赞美的歌吧，
歌唱祖国，
歌唱建设新能源。
我们是建设监理制度的执行者，
是百年大计的重要一环。
我们是中华好儿女，
谱写监理工作新诗篇。
送出电能，
助祖国的经济巨龙腾飞；
发出光明
照亮万家灯火，
我们把美丽献给人间。

我骄傲　我是监理人

新疆泽强工程项目管理有限公司　陈耀华

在西域大地、大漠戈壁绿洲走来，
在天山南北、城市乡村荒漠驰骋，
建房盖楼筑路架桥，有我们的身影。
风餐露宿，沐雨栉风，
酷暑严寒，披星戴月。
走南闯北，保驾护航！
我自豪，我是监理人！

刚刚掸去安全帽上旧工地的尘土，
工作服上又沾满了新工地的晨露。
昨天还在南疆激战，
今天又在北疆扎营。
一座座高楼大厦，
一个个学校、医院、小区、厂房，
一条条道路、管线、水渠，
在我们精心呵护下，
发挥着应有的功能。
忍辱负重、敢于担当，
流言蜚语、我心无愧。
我们是坚强的监理人。
三十年风风雨雨，
我们从婴儿已经茁壮成长成人。
一万多个日日夜夜，
我们从蹒跚学步到健步如飞。
白天我们手拿各种检测工具，
认真履行着监理职责，
夜晚我们查看图纸规范标准，
掌握熟悉工程情况，
灯下我们奋笔疾书，
编制撰写监理资料。
一个个工程建设项目建成使用，
就是对监理人最好的回报。

我们的经历中有艰辛、有误解、有痛楚、有泪水，
我们的征途上有崎岖、有坎坷，有雨雪、有狂风，
而今我们依然屹立在建筑市场。
看到城乡变了样，道路四通八达，
我们更有慰藉、骄傲和欢欣。
这一座座高楼大厦，
这一个个医院、学校、小区、厂房，
这一条条道路、管线、水渠，
见证了监理人的付出。

有人说，建筑就是凝固的音乐，
一条条线路，就是那优美的五线谱，
一幢幢楼房，就是那跳动的音符，
谱写着中国建设的大乐章，
最雄壮的交响曲由我们监理人协助谱写合成。
有人说，建设者无须用笔墨作画，
一座座城市乡村点缀着美丽的岁月，
一条条道路水渠描绘着历史的年轮，
让我们用责任、理想和汗水铸就伟大的中国梦。
有一种选择叫挑战，
有一种勇气叫超越。
我们监理人的追求就是，
责任与人品同在，
创新与诚信同行。

监理者之歌—输电监理

广东天广工程监理咨询有限公司　吴海凤

站在工程基建的首端，
深入建设者之间。
感悟阳光里跳动的音符，响起了监理人豪迈的歌。
回荡在劳动者的心中，
回荡在蓝天白云间。
监理者之歌，
带来轰鸣的佳音，捎去梦想的希冀。
令大地充满光明，令城市点染画意。
春天的风雨把工地拂过，
惊起一层柔嫩的绿色。
高高的输电网上，
有监理人用汗水浇灌的景色。
风用温情的手在导线上弹奏着，
欢快的乐章，吹响监理者的职责。
为了使大地生机勃勃，
咱监理者没让一个隐患漏过。
监理人的梦啊！
就是为了这万家灯火。
监理人的心啊！
就是去建设强大的祖国。

《中国建设监理与咨询》征稿启事

《中国建设监理与咨询》是中国建设监理协会与中国建筑工业出版社合作出版的连续出版物，侧重于监理与咨询的理论探讨、政策研究、技术创新、学术研究和经验推介，为广大监理企业和从业者提供信息交流的平台，宣传推广优秀企业和项目。

一、栏目设置：政策法规、行业动态、人物专访、监理论坛、项目管理与咨询、创新与研究、企业文化、人才培养。

二、投稿邮箱：zgjsjlxh@163.com，投稿时请务必注明联系电话和邮寄地址等内容。

三、投稿须知：

1. 来稿要求原创，主题明确、观点新颖、内容真实、论据可靠，图表规范，数据准确，文字简练通顺，层次清晰，标点符号规范。

2. 作者确保稿件的原创性，不一稿多投、不涉及保密、署名无争议，文责自负。本编辑部有权作内容层次、语言文字和编辑规范方面的删改。如不同意删改，请在投稿时特别说明。请作者自留底稿，恕不退稿。

3. 来稿按以下顺序表述：①题名；②作者（含合作者）姓名、单位；③摘要（300 字以内）；④关键词（2~5 个）；⑤正文；⑥参考文献。

4. 来稿以 4000~6000 字为宜，建议提供与文章内容相关的图片（JPG 格式）。

5. 来稿经录用刊载后，即免费赠送作者当期《中国建设监理与咨询》一本。

本征稿启事长期有效，欢迎广大监理工作者和研究者积极投稿！

欢迎订阅《中国建设监理与咨询》

《中国建设监理与咨询》面向各级建设主管部门和监理企业的管理者和从业者，面向国内高校相关专业的专家学者和学生，以及其他关心我国监理事业改革和发展的人士。

《中国建设监理与咨询》内容主要包括监理相关法律法规及政策解读；监理企业管理发展经验介绍和人才培养等热点、难点问题研讨；各类工程项目管理经验交流；监理理论研究及前沿技术介绍等。

《中国建设监理与咨询》征订单回执（2019）

订阅人信息	单位名称				
	详细地址			邮编	
	收件人			联系电话	
出版物信息	全年（6）期	每期（35）元	全年（210）元/套（含邮寄费用）	付款方式	银行汇款
订阅信息					
订阅自2019年1月至2019年12月，________套（共计6期/年）　付款金额合计￥____________元。					
发票信息					
□开具发票 发票抬头：____________ 纳税人识别号：____________ 发票类型：一般增值税发票 发票寄送地址：□收刊地址　□其他地址 地址：____________ 邮编：______ 收件人：______ 联系电话：______					
付款方式：请汇至“中国建筑书店有限责任公司”					
银行汇款 □ 户　名：中国建筑书店有限责任公司 开户行：中国建设银行北京甘家口支行 账　号：1100 1085 6000 5300 6825					

备注：为便于我们更好地为您服务，以上资料请您详细填写。汇款时请注明征订《中国建设监理与咨询》并请将征订单回执与汇款底单一并传真或发邮件至中国建设监理协会信息部，传真 010-68346832，邮箱 zgjsjlxh@163.com。

联系人：中国建设监理协会　孙璐、刘基建，电话：010-68346832、88385640

中国建筑工业出版社　焦阳，电话：010-58337250

中国建筑书店　王建国、赵淑琴，电话：010-88375860（发票咨询）

《中国建设监理与咨询》协办单位

北京市建设监理协会
会长：李伟

中国铁道工程建设协会
副秘书长兼监理委员会主任：麻京生

京兴国际工程管理有限公司
执行董事兼总经理：陈志平

北京兴电国际工程管理有限公司
董事长兼总经理：张铁明

北京五环国际工程管理有限公司
总经理：李兵

中国水利水电建设工程咨询北京有限公司
总经理：孙晓博

鑫诚建设监理咨询有限公司
董事长：严弟勇　总经理：张国明

北京希达建设监理有限责任公司
总经理：黄强

中船重工海鑫工程管理（北京）有限公司
总经理：栾继强

中咨工程建设监理有限公司
总经理：鲁静

北京赛瑞斯国际工程咨询有限公司
总经理：曹雪松

天津市建设监理协会
理事长：郑立鑫

河北省建筑市场发展研究会
会长：蒋满科

山西省建设监理协会
会长：唐桂莲

山西省煤炭建设监理有限公司
总经理：苏锁成

山西省建设监理有限公司
董事长：田哲远

山西煤炭建设监理咨询公司
执行董事兼总经理：陈怀耀

山西和祥建通工程项目管理有限公司
执行董事：王贵展　副总经理：段剑飞

太原理工大成工程有限公司
董事长：周晋华

山西震益工程建设监理有限公司
董事长：黄官狮

山西神剑建设监理有限公司
董事长：林群

山西共达建设工程项目管理有限公司
总经理：王京民

晋中市正元建设监理有限公司
执行董事兼总经理：李志涌

运城市金苑工程监理有限公司
董事长：卢尚武

内蒙古科大工程项目管理有限责任公司
董事长兼总经理：乔开元

吉林梦溪工程管理有限公司
总经理：张惠兵

沈阳市工程监理咨询有限公司
董事长：王光友

大连大保建设管理有限公司
董事长：张建东　总经理：肖健

上海市建设工程咨询行业协会
会长：夏冰

上海建科工程咨询有限公司
总经理：张强

上海振华工程咨询有限公司
总经理：徐跃东

山东天昊工程项目管理有限公司
总经理：韩华

青岛信达工程管理有限公司
董事长：陈辉刚　总经理：薛金涛

山东胜利建设监理股份有限公司
董事长兼总经理：艾万发

江苏誉达工程项目管理有限公司
董事长：李泉

连云港市建设监理有限公司
董事长兼总经理：谢永庆

江苏赛华建设监理有限公司
董事长：王成武

江苏建科建设监理有限公司
董事长：陈贵　总经理：吕所章

江苏中源工程管理股份有限公司
总裁：丁先喜

安徽省建设监理协会
会长：陈磊

合肥工大建设监理有限责任公司
总经理：王章虎

浙江江南工程管理股份有限公司
董事长总经理：李建军

浙江华东工程咨询有限公司
执行董事：叶锦锋　总经理：吕勇

浙江嘉宇工程管理有限公司
董事长：张建　总经理：卢甬

浙江五洲工程项目管理有限公司
董事长：蒋廷令

浙江求是工程咨询监理有限公司
董事长：晏海军

江西同济建设项目管理股份有限公司
法人代表：蔡毅　经理：何祥国

福州市建设监理协会
理事长：饶舜

《中国建设监理与咨询》协办单位

厦门海投建设监理咨询有限公司
法定代表人：蔡元发　总经理：白皓

驿涛项目管理有限公司
董事长：叶华阳

河南省建设监理协会
会长：陈海勤

郑州中兴工程监理有限公司
执行董事兼总经理：李振文

河南建达工程建设监理公司
总经理：蒋晓东

河南清鸿建设咨询有限公司
董事长：贾铁军

建基工程咨询有限公司
副董事长：黄春晓

中汽智达（洛阳）建设监理有限公司
董事长兼总经理：刘耀民

河南省光大建设管理有限公司
董事长：郭芳州

中元方工程咨询有限公司
董事长：张存钦

河南方大建设工程管理股份有限公司
董事长：李宗峰

武汉华胜工程建设科技有限公司
董事长：汪成庆

湖南省建设监理协会
常务副会长兼秘书长：屠名瑚

长沙华星建设监理有限公司
总经理：胡志荣

湖南长顺项目管理有限公司
董事长：潘祥明　总经理：黄劲松

广东省建设监理协会
会长：孙成

广州市建设监理行业协会
会长：肖学红

广东工程建设监理有限公司
总经理：毕德峰

广州广骏工程监理有限公司
总经理：施永强

广东穗芳工程管理科技有限公司
董事长兼总经理：韩红英

广东省建筑工程监理有限公司
董事长兼总经理：黄伟中

重庆赛迪工程咨询有限公司
董事长兼总经理：冉鹏

重庆联盛建设项目管理有限公司
总经理：雷开贵

重庆华兴工程咨询有限公司
董事长：胡明健

重庆正信建设监理有限公司
董事长：程辉汉

重庆林鸥监理咨询有限公司
总经理：肖波

林同棪（重庆）国际工程技术有限公司
总经理：汪洋

四川二滩国际工程咨询有限责任公司
董事长：郑家祥

中国华西工程设计建设有限公司
董事长：周华

云南省建设监理协会
会长：杨丽

云南新迪建设咨询监理有限公司
董事长兼总经理：杨丽

云南国开建设监理咨询有限公司
董事长兼总经理：黄平

贵州省建设监理协会
会长：杨国华

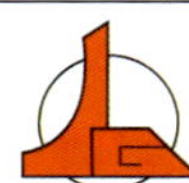
贵州建工监理咨询有限公司
总经理：张勤

贵州三维工程建设监理咨询有限公司
董事长：付涛　总经理：王伟星

西安高新建设监理有限责任公司
董事长兼总经理：范中东

西安铁一院工程咨询监理有限责任公司
总经理：杨南辉

西安普迈项目管理有限公司
董事长：王斌

西安四方建设监理有限责任公司
总经理：杜鹏宇

华春建设工程项目管理有限责任公司
董事长：王勇

陕西华茂建设监理咨询有限公司
总经理：阎平

永明项目管理有限公司
董事长：张平

陕西中建西北工程监理有限责任公司
总经理：张宏利

甘肃省建设监理有限责任公司
董事长：魏和中

新疆昆仑工程监理有限责任公司
总经理：曹志勇

青岛市政监理咨询有限公司
董事长兼总经理：于清波

广西大通建设监理咨询管理有限公司
董事长：莫细喜　总经理：甘耀域

深圳市监理工程师协会
会长：方向辉

青海公伯峡水电站（鲁班奖、国家优质工程金奖工程）

江苏宜兴抽水蓄能电站（鲁班奖工程）地下厂房

山东泰安抽水蓄能电站（鲁班奖工程）上水库

安徽响水涧抽水蓄能电站（国家优质工程）

水规总院勘测设计科研楼（鲁班奖工程）

北京－八达岭高速公路潭峪沟隧道（鲁班奖工程）

南水北调中线高邑至元氏段输水渠（水利部重点工程）

白俄罗斯维捷布斯克水电站

郑州水工机械厂

内蒙古锡林郭勒盟洪格尔风电场一期工程

宁夏中宁光伏发电场

中国水利水电建设工程咨询北京有限公司

中国水利水电建设工程咨询北京有限公司，成立于 1985 年，隶属于中国电建集团北京勘测设计研究院有限公司，是全国首批工程监理试点单位之一。具有监理单位资质包括：住建部批准的水利水电工程监理甲级、房屋建筑工程监理甲级、电力工程监理甲级、市政公用工程监理甲级；北京市批准的公路工程监理乙级；水利部批准的水利工程施工监理甲级、机电及金属结构设备制造监理甲级、水土保持工程监理甲级、环境保护监理（不分级）；国家人防办批准的人民防空工程甲级。公司通过了质量、环境与职业健康安全管理体系认证。

公司业绩遍布国内 30 个省区及 10 多个海外国家地区，承担了国内外水利水电、房屋建筑、市政公用、风力发电、光伏发电、公路、移民、水土保持、环境保护、机电和金属结构制造工程监理 400 余项，参与工程技术咨询项目 200 余项，大中型常规水电站和抽水蓄能电站的监理水平在国内领先。所监理工程项目荣获鲁班奖、国家级优质工程奖 15 项，省市级优质工程奖 24 项，中国优秀工程咨询成果奖 1 项。

公司重视技术总结和创新，参编了《水电水利工程施工监理规范》，编制了《电力建设工程施工监理安全管理规程》等 10 多项行业和企业标准。BIM 技术在监理项目应用日益完善，近年来员工发表论文近百篇。

公司坚持诚信经营，被北京市监理协会连续评定为诚信监理企业，中国水利工程协会和北京市水务局评定为 AAA 级信用监理企业。荣获了“中国建设监理创新发展 20 年工程监理先进企业”“共创鲁班奖工程监理企业”“全国优秀水利企业”“全国青年文明号”“北京市建设监理行业优秀监理单位”等多项荣誉称号，为国家建设监理行业发展作出了应有贡献。

企业精神：务实　创新　担当

经营理念：诚信卓越　合作共赢

地　址：北京市朝阳区定福庄西街 1 号
邮　编：100024
电　话：010-51972122
传　真：010-65767034
网　址：bcc.bhidi.com
邮　箱：bcc1985@sina.com

解放军总医院海南分院

展讯二期（2014~2015年度国家建设工程鲁班奖）

风采 COMPANY MIEN

上海市外高桥船厂（2005年度上海市水运工程优质结构申港杯奖）

上海临港码头门式起重机

博鳌亚洲论坛国际会议中心

南极中山站

上海卢浦大桥引桥3标段工程（上海市市政工程金奖）

上海市工商行政管理中心（国家优质工程银质奖）

SMIC超大规模芯片生产厂房

上海市陆家嘴双辉大厦（2010年上海市优质工程金钢奖）

山西共达建设工程项目管理有限公司

SHANXI GONGDA CONSTRUCTION PROJECT MANAGEMENT CO., LTD.

山西共达建设工程项目管理有限公司（原名山西共达工程建设监理有限公司）成立于2000年3月，注册资金500万元，是一家具有独立法人资格的经济实体。公司现具备房屋建筑工程监理甲级、市政公用工程监理甲级、公路工程监理乙级、机电安装工程监理乙级及招标代理、人防工程乙级资质、环境监理资质、工程项目管理等多项资质，并已通过ISO9001质量管理体系认证。公司现为山西省建设监理协会常务理事单位、山西招标投标协会会员单位、《建设监理》理事会理事单位、山西省民防协会理事单位、太原市政府“职业教育实习实训基地”。

公司下设综合办公室、总工办公室、经营开发部、项目管理部、设计部、招标代理部、财务部、人力资源部。经过多年的发展，公司凝聚了一批专业技术人才，现公司具有国家各类执业资格人员111人次，其中国家注册监理工程师58人、注册造价工程师12人、注册一级建造师20人、人民防空工程监理工程师15人、环境监理工程师6人；具有各专业高级职称人员35人、中级职称人员260余人\省级注册监理工程师220人。

公司领导在狠抓经济效益的同时也注重党政建设，“中共山西共达项目管理公司支部”，现有党员30余人。

公司以重信誉、讲效率、求发展为己任，奉守“团结、高效、敬业、进取”的企业精神，认真履行并完成项目合同的各项条款，坚决维护业主和各相关方的合法权益，力争达到“合同履约率100%，顾客满意度100%”的质量目标。多年来公司先后承接并完成了300多项大中型房屋建筑工程及市政工程建设项目，其中山西省妇联高层住宅楼、太原市建民通用电控成套有限公司职工住宅楼荣获“结构样板工程”称号；孝义市人员检察院技侦大楼荣获“优良工程”称号和“汾水杯”称号。公司将“干一项工程，树一块牌子”的理念贯彻给每一位员工，多年来，公司所完成的项目赢得了社会各界的好评，多年连续被评为“山西省先进监理企业”。

在深化改革的浪潮中，公司领导与时俱进，发挥公司的资源优势和市场优势，开创工程项目管理、项目代建市场，取得突破性进展，明确了公司转型升级的方向。公司领导坚持“强化队伍建设，规范服务程序，在竞争中崛起，在发展中壮大”的经营方针，以全新的服务理念面向业主、依托业主、服务业主，把新的项目管理思想、理论、方法、手段应用到工程建设中。

山西共达建设工程项目管理有限公司诚挚地以诚信、科学、优质的服务与你共创宏伟蓝图。

地　址：太原市杏花岭区敦化南路127号嘉隆商务中心四层
电　话：0351-4425309
传　真：0351-4425586
邮　编：030013
负责人：王京民
网　址：www.sxgdgs.com
邮　箱：sxgdjl@163.com

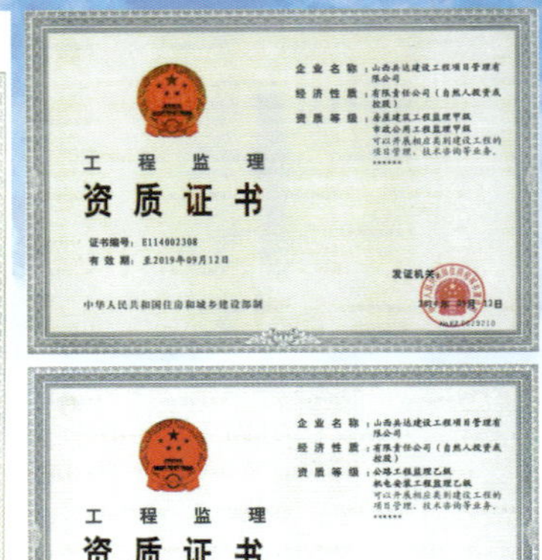

恒大未来城

御祥苑

北美金港项目－夜景

背景：北美金港项目－日景

杭州之浦路立交桥

杭州师范大学仓前校区

河南郑州正弘蓝堡湾

福建晋江第二体育中心

临平理想银泰城

年年红影视基地

未来科技城衢海大厦

衢州市书院大桥

群升龙－杭政储出【2013】30 号地块商业业务用房

桐庐富春峰景·世纪花园

河南郑州博物、美术、档案史志馆

浙江大学口腔医院

浙江求是工程咨询监理有限公司

浙江求是工程咨询监理有限公司坐落于美丽的西子湖畔，是一家专业从事建筑服务的企业，致力于为社会提供全过程工程咨询、工程项目管理、工程监理、工程招标代理、工程造价咨询、工程咨询、政府采购等大型综合性建筑服务。

公司始终坚守“让业主满意、给行业添彩、为中国工程管理多作贡献”的价值追求，坚持“以品质赢市场、以创新促发展、以管理树品牌”的理念，深耕市场开拓，加强质量管控，健全管理制度和标准体系，强化人才支撑。公司综合实力逐年增强，业务快速发展，范围覆盖全国，获得众多工程奖项及荣誉，行业美誉和影响力不断提升。自 2013 年以来连续名列全国百强监理企业。

公司具有工程监理综合资质、工程招标代理甲级资质、工程造价咨询甲级资质、工程咨询单位甲级资质、人防工程监理甲级资质。系全过程工程咨询试点企业，具备开展全过程工程咨询的能力。

公司目前拥有各类专业技术人员 1200 余人，其中中高级职称 900 余人，国家注册监理工程师 160 余人，省注册监理工程师 280 余人，注册人防监理工程师 50 余人，注册造价师 20 余人，注册咨询师 10 余人，注册安全工程师 10 余人，一级建造师 40 余人；还有注册设备监理工程师、一级结构师、注册招标师、信息系统监理工程师等 30 余人。全部人员经培训上岗，具有坚实的专业理论和丰富工程实践经验，以及专业配套齐全的工程建设监理队伍，积累了丰富的工程监理经验。

公司为中国建设监理协会理事单位、中国工程咨询协会理事单位、浙江省信用协会副会长单位、浙江省建设工程监理管理协会副会长单位、浙江省人防监理专业委员会常务副主任单位、浙江省工程咨询行业协会常务理事单位、浙江省招标投标协会常务理事单位、浙江省风景园林学会常务理事单位、浙江省建设工程造价协会甲级单位、浙江省绿色建筑与建筑节能行业协会理事单位、杭州市监理协会副会长单位、杭州市龙游商会执行会长单位、衢州市招投标协会副会长单位。荣获全国先进监理企业、全国守合同重信用单位、全国浙商诚信示范单位，并连续 11 年荣获浙江省优秀监理企业、连续 8 年荣获浙江省招投标领域信用等级 AAA、连续 12 年荣获浙江省 AAA 级守合同重信用企业、连续 15 年荣获银行资信 AAA 级企业；拥有浙江省知名商号、浙江省著名商标、浙江省工商信用管理示范单位、浙江省企业档案工作合格单位、杭州市建筑监理行业优秀监理企业、杭州市工程质量管理先进监理企业、杭州市级文明单位、杭州市建设监理企业信用等级优秀企业、西湖区建筑业质量安全文明先进企业、西湖区建筑业社会责任先进企业、西湖区建筑业成长型企业、西湖区重点骨干企业等荣誉。

近年来，浙江求是工程咨询监理有限公司已承接的监理项目达 3000 多项，建筑面积 8000 多万平方米，监理造价 3500 多亿元，广泛分布于浙江省各地及安徽、江苏、江西、贵州、四川、河南、天津、海南、福建、青海、广东等。近几年公司承接的监理业务 380 多项获国家、省、市（地）级优质工程奖，其中有 12 项国家级工程奖、82 项省级优质工程奖、316 项获得市级优质工程奖、112 项获省文明标化工地称号、336 项获市文明标化工地称号。一直以来得到了行业主管部门、各级质（安）监部门、业主及各参建方的广泛好评。

地　址：杭州市西湖区余杭塘路与花蒋路交叉口东南西溪世纪中心 3 号楼 12A 层
邮　编：310012
电　话：0571—81110603（综合办、人力资源部）
0571—81110602（市场部）
电　话：0571—89731194
网　址：http：//www.zjqiushi.cn
邮　箱：qsjl8899@163.com

福州市建设监理协会

福州市建设监理协会成立于1998年7月，是经福州市民政局核准注册登记的非营利社会法人单位，接受福州市城乡建设委员会的业务指导和福州市民政局的监督管理。协会会员由福州市从事工程监理工作单位和个人组成，现有会员161家。

协会认真贯彻党的“十九大”精神，以马克思列宁主义、毛泽东思想、邓小平理论、“三个代表”重要思想、科学发展观、习近平新时代中国特色社会主义思想为指导，遵守宪法、法律、法规，遵守社会公德和职业道德，贯彻执行国家的有关方针政策，维护会员的合法权益，及时向政府有关部门反映会员的要求和意见，热情为会员服务，引导会员遵循“守法、公平、独立、诚信、科学”的职业准则，维护开放、竞争、有序的监理市场，同心同德为海峡两岸经济区建设作出新的贡献。

协会下设秘书处、检测专业委员会、咨询委员会和自律委员会，主要开展的工作包括：

（一）宣传和贯彻工程建设监理方面的法律、法规、规章和规范、标准等。监督实施本协会的会员公约。

（二）开展工程建设监理行业管理，接受政府建设主管部门的委托办理工程建设等相关工作，承担政府购买服务的工作。

（三）开展建设监理知识的普及和监理人员的培训与继续再教育工作。

（四）开展在榕监理工作的检查及评比活动，推进企业信用体系建设。

（五）办好协会网站，提供相关建设监理的政策、行业动态等信息，逐步完善人才资源、监理业绩、信用档案等资料库，更好地为从业人员、企业和社会服务。

（六）开展建设监理的咨询服务，组织会员单位的专家对工程建设监理工作进行评议或评价。

（七）深入开展行业调查研究，积极向政府及其部门反映行业、会员诉求，提出行业发展等方面的意见和建议，完善行业管理，促进行业发展。

地　址：福州市鼓楼区梁厝路95号仁文大儒世家依山苑1座101室
邮　编：350002
电　话：0591-83706715/18050777970
传　真：0591-86292931
邮　箱：fzjsjl@126.com
网　址：www.fzjsjl.org

福州弘信工程监理有限公司监理的福州火车北站南广场综合交通枢纽工程项目位于福州火车北站南广场，面向城市核心区，南临站前路，西靠站西路，东达沁园支路，北接火车站。项目总用地面积约4.75公顷，项目总建筑面积约16.43万平方米，总投资约20.88亿元。它的建设对于增强福州市的城市辐射力、提升福州市在全国铁路网中的地位、促进城市的发展、缓解城市交通压力以及确保轨道交通工程如期建成和运营具有决定性的意义。

闽江学院新华都商学院大楼位于闽侯县上街镇文贤路1号闽江学院校区内，总建筑面积约27490平方米，总投资约8000万元人民币；福州市建设工程管理有限公司承担监理工作，并荣获2014～2015年度中国建设工程鲁班奖（国家优质工程）。

福建海川工程监理有限公司监理的厦航福州分公司长乐基地飞机维修库工程，总建筑面积35800平方米（其中机库约12000平方米，最大跨度120米），工程总投资达1.96亿元，是厦航第一个按照787飞机维修需要进行设计的机库。钢结构工程设计方案采取的是120米×80米，钢结构单跨跨度为华东地区第一，工程建成后的规模将成为华东第二大机库。项目荣获2015年中国钢结构金奖（国家优质工程）。

东环路跨洛河大桥

正大超高层

巩义市浮戏山旅游综合开发项目

洛河东湖绿化项目

洛宁文昌桥

洛邑水城

南阳第三完全学校

洽洽（泰国）工厂

商洛医学中心

上汽郑州项目

宜宾新能源

石家庄新能源

西安国际医院中心

浙江电咖

郑州航空港经济综合实验区项目

郑州市民服务中心及地下空间

中汽智达（洛阳）建设监理有限公司

AIE LUOYANG ZHIDA CONSTRUCTION SUPERVISION CO.,LTD

中汽智达（洛阳）建设监理有限公司成立于1993年，中国汽车工业工程有限公司下属国有全资建设监理企业，注册地河南省洛阳市涧西区，注册资金1000万元。国家住房和城乡建设部建设监理行业最高资质——综合监理资质（证书号：E141009144）。主营业务：工程监理、工程总承包、项目管理，兼营：地质勘察、地基处理、技术咨询、造价咨询、工程设计、环境影响评价等。

中国汽车工业工程有限公司，由原机械工业部第四、第五设计研究院创立式重组成立，总部注册地天津市南开区长江道，在天津、洛阳、上海、北京等地设有分支机构及办公地点。拥有各类技术人员三千六百余人，主营业务为工业及民用项目的技术咨询、地质勘察、设计、项目管理、工程监理、工程总承包、设备研发及制造安装等，业务遍布中国各地及欧亚美非等世界各大洲知名企业，年均实现产值超过60亿元。中汽工程始终励精图治，坚持不懈推进价值竞争战略，致力于全方位打造国际知名的工程系统服务商，成绩斐然，在行业内尤其在汽车、拖拉机、发动机、工程机械、大型民用建筑及基础设施建设等领域有着强大的技术实力和良好的信誉。

中汽智达监理，管理标准体系行业领先。良好的管理标准体系及管理模式，是企业高速发展最核心的原动力之一，可以将企业的人力资源、技术能力等全部资源有机组合起来高效运转。中汽智达监理始终重视管理标准体系建设，作为行业内率先通过“质量、环境、职业健康安全”体系认证的综合性监理企业，始终以认证体系为基础，结合自身实际，搭建管理架构，制定管理标准，多年来累计颁布、执行各项管理标准、技术标准、作业细则或指导书共11大类276项次，超过40余万字，对指导、规范、统一公司各项工作起到了重要作用。公司实行总部、职能部门、项目部三级管理机制，合理分解管理职能，合理设定管理跨度，实现分级管理，分兵把关。公司结合三标管理认证体系，实行内审、外审及不定期突击抽查制度，及时发现问题、解决问题，与时俱进不断充实、更新管理标准体系，确保各项标准得到充分有效执行，并以此为基础制定制度，评价、考核下属机构及员工工作成效。公司始终重视信息化建设，竭力打造综合性大型信息化管理平台，将工作软件、管理标准、工作流程等融入平台，依托平台实现对经营、管理、生产的全面覆盖和及时监控。良好的管理标准体系和多样化的管理模式，是中汽智达的核心优势之一。

中汽智达监理，专业配套齐全，行业覆盖广泛。建设监理作为技术服务行业，有两个重要的属性：专业能力和服务能力，这是企业最直接、最关键的核心原动力之一，其中人力资源无疑起着决定性的作用。智达监理始终注重懂技术、懂管理、懂经济、懂法律等复合型高级人才队伍建设，并以此为基础，持续提升完善综合能力。共拥有各类专业技术人员359人，包括教授级高级工程师3人、高级工程师53人、工程师169人，其中国家注册监理工程师72人、注册安全师21人、注册建造师19人、注册建筑师1人、注册结构师2人、注册造价师10人，涵盖企业管理、地质、测量、规划、建筑、结构、给排水、暖通、动力、供配电、IT、技术经济、智能建筑、铸造、冲压、焊接、涂装、总装等5大类30多个专业及房屋建筑、市政、道桥、冶炼、机电安装、电力、通信、环保、水利、交通等11个行业。智达监理，年龄结构合理，专业构成丰富，人力资源优势明显，具有全面的综合服务能力。

中汽智达监理，管理团队专业，且配套全、作风正，把人力资源有效组合起来，以良好的企业文化为纽带，形成配套齐全、作风端正的专业化管理团队而不是松散的各自为战的临时团伙，更能发挥和充分利用资源潜力。智达监理一贯重视团队建设，下设第一、第二、第三等五个事业部，技术质量部、生产管理部、营销管理部、人力资源部、综合办公室等五个职能部门，及六个驻外机构，与中汽工程总部纪检委、法务部、安全生产部、装备及新产业部等共同组成一体化管理机制，体系明确，建制齐全。智达监理始终重视企业文化及作风建设，始终奉行“合作、进取、至诚、超越”的企业精神和“进德、明责、顾客价值”的核心价值观，积极推进价值竞争战略，以服务而不是过度低价赢得用户，以实力而不是投机钻营立足市场。同时，采取措施引导员工建立修身立德、成人达己的人生观，通过服务社会、奉献社会实现自我价值，坚决抵制并杜绝监理行业普遍存在令人深恶痛绝的违规挂靠、吃拿卡要、不作为或乱作为等不良习气。一支配套齐全作风端正的专业化管理团队，是智达监理实力的体现及值得骄傲的资本。

中汽智达监理，业绩优良、经验丰富。自1993年成立以来，多次蝉联中国建设监理协会、中国建设监理协会机械分会、河南省建设监理协会、洛阳市建设监理协会等颁发的“优秀监理单位”称号，2008年更是荣获“中国建设监理创新发展20年监理先进企业”称号。获得国家级鲁班奖、装饰金奖、市政金奖及省级以上工程奖项95项。被德国大众、美国卡特彼勒等数十家国内外知名企业授予“最佳服务提供商”称号，近百名员工被授予各级“优秀总监理工程师”“优秀监理工程师”“优秀项目经理”等称号。

自成立以来，智达监理不断拓宽业务领域，提升企业品牌。共完成大中型以上建设工程监理、项目管理、总承包等1000余项，累计总投资超过4000亿元，累计总建筑面积超过6250余万平方米，包括国家“863”高科技重点建设项目、大型综合性工业项目（从土建、公用系统到设备制造、监造、安装、单机调试、联动试车、试生产等全过程服务）、五星级酒店、高层及超高层公用及民用建筑、综合体育中心及单体场馆、水处理厂、污水处理厂、市政、道路、桥梁、隧道、环境整治、河道或水系治理等467项特等及一等工程。从惊天动地的抗震一线到默默无闻的日常建设现场，从高精尖的国家战备工程到普通社会项目，从白雪皑皑的北国到莺歌燕舞的南方，从广袤的黄土高原到富饶的东海之滨，无不留下了智达人辛勤的汗水和艰苦的努力，无不记录着智达人探索奋斗的历程和艰苦创业的精神。

知而获智，智达高远。业绩来自于奋斗，经验来自于积累，荣誉来自于付出。智达人不会停止前进的脚步，智达监理将一如既往，以自身良好的企业文化、坚强的技术实力、优秀的管理团队，丰富的实践经验为基础，继续打造精品工程，服务市场、回报社会。

2017 年社会组织等级评估 5A 级

2017 年十佳社会组织

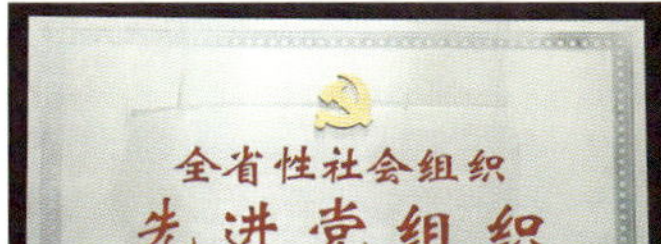

2016 年先进党组织

协会 15 周年庆典秘书处人员合照

2017 年内地注册监理工程师与香港建筑测量师互认十周年

2017 年粤港建造业合作研讨会

协会举办 BIM 技术应用专题讲座

香港测量师学会组团来粤考察地铁 BIM 技术应用

协会组团参加香港第二届“一带一路”高峰论坛

参观港珠澳大桥

香港测量师学会率队参加粤港合作政策研讨会

协会第二届篮球比赛

广东省建设监理协会

一、协会基本情况

广东省建设监理协会成立于 2001 年 7 月 18 日，是由从事工程建设监理及相关服务业务的个人、单位及其团体组织自愿结成的地方性、专业性的非营利性社会组织。

二、协会的宗旨

提供服务、反映诉求、规范行为

三、协会的业务范围

（一）宣传、贯彻、执行国家关于建设监理及相关服务的方针、政策；组织研究建设监理的理论、方针、政策；协助省建设行政主管部门编制建设监理及相关服务的有关法规、制度、准则等，宣传建设监理工作。

（二）承担省建设行政主管部门委托的关于建设监理及相关服务等方面的工作。

（三）针对监理行业反映强烈的问题，开展调查研究工作，定期向省建设行政主管部门提供监理行业的动态信息，维护会员的合法权益，反映会员单位的意见和建议。

（四）开展提高会员素质和管理水平的活动。组织编辑《广东建设监理》刊物，编写、制作、发放相关书刊、音像资料；组织研究、开发、推广相关应用软件；组织举办相应培训班、研讨班和经验交流活动；建立专业网站，发布市场信息，为会员单位提供交流平台，为会员单位提供技术咨询、信息服务。

（五）接受与本行业利益有关的决策论证咨询，维护会员的合法权益，依法开展广东省监理会员内诚信评选活动。

（六）引导会员开拓国内外监理业务。组织会员赴国外开展监理及相关服务业务的考察活动。

（七）加强同省外、国外同类行业协会和企业的联系与沟通，开展与省外、国外同行业交流、合作、培训和学术研究等活动。

（八）加强会员和行业自律，制定行业自律公约，促进会员诚信经营；加强个人诚信管理，维护会员和市场公平竞争。

四、协会单位会员数量

截止 2018 年 8 月，单位会员数量 473 家，遍布广东省 21 个地级市，占全省建设工程监理企业 90% 以上。

五、协会秘书处

协会常设机构为秘书处，分三个部门：咨询培训部、行业发展部和综合事务部。秘书长主持秘书处的日常工作，会长、秘书长 2 人，协会专职工作人员 11 人，共有 13 人，其中国家注册监理工程师有 3 人，高级工程师有 2 人，中级职称有 8 人。

六、协会荣誉

中国建设监理协会副会长单位

广东省社会组织总会副会长单位

广东省粤港澳合作促进会常务理事单位

2010 年、2016 年在广东省社会组织等级评估荣获 5A 等级

2013 年被评为广东省民政厅指定行业自律和诚信建设示范单位

2014~2016 年协会党支部连续三年荣获广东省民政厅颁发的先进党支部。

协会荣获广东省社会组织总会“2016 年度优秀社会组织”“2017 年度十佳社会组织”；孙成会长荣获“2016 年度十佳社会组织会长”；李薇娜秘书长荣获“2016 年度优秀社会组织秘书长”。

七、协会宣传平台

（一）广东省建设监理协会网站 & 协会培训管理系统。协会打造了集网站、OA 办公、监理从业人员培训和会员信息管理一体的信息管理平台，加强行业交流与管理。

（二）《广东建设监理》双月刊。

（三）广东省建设监理协会微信公众号。

协会接受广东省民政厅的监督管理及广东省住房与城乡建设厅的业务指导。

重庆联盛建设项目管理有限公司

重庆联盛建设项目管理有限公司（原重庆长安建设监理公司）成立于1994年7月，2003年5月公司改制更名。2016年公司与法国BV国际检测集团合资。公司经历了央企、民企及外资企业，不同的运行机制和东西方文化的差异，在运营过程中得以充分融合，而因此产生的稼接优势，成为公司最大的特色。

2018年，由公司实施项目管理的内蒙古少数民族群众文化体育运动中心项目，经IPMA严格、精准、科学评审，喜获国际项目管理卓越大奖。该奖系国际项目管理领域最高奖项，被誉为项目管理行业“奥斯卡”奖。“跑马场项目”由公司应用BIM技术实施项目管理、监理、招标、造价全过程一体化管理，项目融入了浓厚的民族文化，是艺术与建筑技术的完美结合，成为荣膺国际卓越项目管理大奖的全球唯一的项目管理咨询与监理企业。获此殊荣是重庆联盛项目管理有限公司的荣誉，也是中国建设监理制度推行30年的经典案例，更是中国监理行业的荣誉，提升了中国监理行业的国际知名度，为项目管理行业创新发展注入新的活力。

2014年8月，公司得到住房与城乡建设部《关于全国工程质量管理优秀企业的通报》表扬（建质〔2014〕127号文，全国仅5家监理企业获此殊荣）。2012年，公司同时获得了“全国先进监理企业”“全国工程造价咨询行业先进单位会员”和“全国招标代理机构诚信创优5A等级”。公司的监理收入在全国建设监理行业排名中，连续十三年进入全国100名。所承接的项目荣获“中国建筑工程鲁班奖”“中国安装工程优质奖”“中国钢结构金奖”“国家优质工程银质奖”等国家及省部级奖项累计达500余项。

公司除监理业务外，还大力拓展工程项目管理、工程招标代理、工程造价咨询、工程咨询、工程材料检测、建筑设计等市场领域。公司以设计、监理团队为技术支撑，以造价咨询、招标代理、工程咨询团队为投资控制指导，以检测设备配备精良的检测试验室为辅助，熟练运用国际项目管理的方法与工具，对项目进行全过程、全方位、系统综合管理，按照国家规范及企业标准严格履行职责，在工程建设项目管理领域形成了公司的优势与特色，实现了市场占有率、社会信誉以及综合实力的快速、稳健发展。

内蒙古少数民族群众文化体育运动中心项目为内蒙古自治区70周年大庆主会场，于2018年荣获国际项目管理卓越大奖（项目管理、监理、招标、造价一体化、含BIM技术）

朝天门国际商贸城（项目管理）
建筑面积142万 m^2

重庆巴士股份有限公司总部大厦（设计、项目管理、监理、招标、造价一体化）

重庆轨道交通工程

广东省莞惠城际轨道交通工程

崇州市人民医院及妇幼保健院－重庆市对口支援四川崇州灾后恢复重建项目（项目管理、监理、招标、造价一体化）

中国汽车工程研究院汽车技术研发与测试基地建设项目（项目管理、监理、招标、造价一体化）

龙湖春森彼岸（监理）

中天 · 未来方舟

贵州大学花溪校区扩建工程中心图书馆

孔学堂

同济贵安医院

贵阳北站站前西广场建设工程

桐荫路

贵州建工监理咨询有限公司

“贵州建工监理咨询有限公司”原名为1994年6月成立的“贵州建工监理公司”，系贵州省首家监理企业、贵州省首家甲级监理企业。公司于1994年成为中国建设监理协会理事单位。1996年经建设部审定为甲级监理资质。2001年加入贵州省建设监理协会，系贵州省建设监理协会副会长单位。2007年3月完成企业改制，更名为“贵州建工监理咨询有限公司”，公司注册资本800万元人民币。2008年成为建设工程招标投标管理分会会员。2009年审定为贵州省首批甲级工程项目管理企业。2013年成为贵州省建设工程招标投标协会理事会员。2013年成为贵州省造价管理协会会员。2015年成为贵州省项目管理协会副会长单位。

公司成立至今，多次荣获国家“先进工程建设监理单位”、贵州省“优秀监理企业”等称号，具有“质量管理体系 GB/T 19001-2008/ISO 9001：2008”“环境管理体系 GB/T 24001-2004/ISO 14001：2004”“职业健康安全管理体系 GB/T 28001-2011/OHSAS18001：2007”等多项国际认证。2006年至今连续荣获贵州省“守合同、重信用”单位称号。2013年8月，荣获“全国质量管理AAA级工程监理企业”称号。2015年1月，由贵州省住房和城乡建设厅、贵州省统计局评选为“贵州省建筑业100个骨干企业”。2017年2月，由贵州省诚信建设促进会和贵州省发展改革委员会评选为“贵州省诚信示范企业”。迄今为止，公司已与省内多所大专院校签订战略合作协议，并作为其教学训练场所和实训基地。

公司业务及资质范围包括：工程监理、工程项目管理、工程招标代理、政府采购、工程造价咨询等。先后在全国各地区承接监理项目3000余项，已完成监理项目2500余项；总监理面积达1亿平方米，已完成监理工程总面积达7500余万平方米。

公司现有1000余名高、中级工程管理人员和工程技术人员。此外，公司还拥有一批退休特聘的知名专家和学者，并且还首创性地设立了各个专业独立的专家库，能随时为业主提供强大的技术咨询和服务。公司通过多年的技术及经验累积，编纂了《监理作业指导纲要汇编》《在监项目监理工作检查与考评标准》《项目管理工作作业指导书》《监理项目管理信息系统作业指导手册》等具有自有知识产权的技术资料。

近年来，公司不断改进和提升企业的管理方式，2015年公司与广联达BIM中心达成战略合作伙伴协议，成为贵州省住建厅及贵州省监理协会认可的全省唯一指定的“BIM项目管理信息系统”示范单位。并率先在全省范围内建立、实施并推行“监理项目管理信息系统”。经过不断地探索和实践，公司现已将“监理项目管理信息系统”和“BIM项目管理信息系统”二者进行了有效整合，为企业提供了强大的技术支撑。

在今后的发展过程中，竭诚为广大业主提供更为优质的服务，并朝着“技术一流、服务一流、管理一流”的创新型、服务型企业而不懈努力和奋斗。

上海市建设工程咨询行业协会

上海市建设工程咨询行业协会（Shanghai Construction Consultants Association，缩写：SCCA），成立于2004年3月，是由本市从事工程监理、工程造价、工程招标代理、工程咨询以及建设全过程项目管理咨询服务的企事业单位及其他相关经济组织、高校、科研单位等机构，自愿组成的跨部门、跨所有制的、非营利的、行业性社会团体法人，是一家集工程监理、工程造价和工程招标代理为一体的建设工程咨询行业协会。社团登记管理机关是上海市社会团体管理局，业务范围是：行业规划、行业调研、行业评比、课题（问题）研究、业务培训、国内外信息技术交流、技术咨询、制定行业工作标准、行业宣传及推介、资料编辑出版以及建设行政主管部门委托的各项职能等。

协会自成立以来，始终在规范行业发展、加强行业服务、推进行业交流、强化行业自律中发挥着积极的作用。目前，协会共拥有会员单位433家，其中具有监理资质的企业200余家，具有工程造价咨询资质的企业180余家，具有工程招标代理资质的企业150余家。协会与广大会员单位携手同心，共同致力于为城市建设提供优质的工程咨询管理服务，促进工程项目建设水平和综合效益不断提高。

协会下设工程监理专业委员会、造价咨询专业委员会、招标代理专业委员会、项目管理委员会、专家委员会、自律委员会、信息化委员会、行业发展委员会、法律事务委员会等，配合秘书处做好协会相关工作。

为了更好地发挥服务职能，协会创办了《上海建设工程咨询》月刊，建立了“上海建设工程咨询网”和微信公众号，以行业发展战略为指导，贯彻和执行国家有关工程建设领域的各项政策，为增强会员企业的市场竞争力，保障行业健康有序的发展，促进本市乃至全国的建设工程咨询行业的发展提供优质服务。

协会将不断发挥自身优势，认真贯彻党的各项政策和方针，深入学习实践科学发展观活动的各项内容，做好企业与政府之间的纽带，认真配合政府管理部门的各项工作，同时积极构建平台，整合资源，为企业与行业的发展创造良好的环境。

地　址：上海市黄浦区成都北路600号23楼
邮　编：200003
电　话：021-63456171
传　真：021-63456172
网　址：www.scca.sh.cn

2016-2017年度全国建设工程招标投标行业管理
先进单位
中国土木工程学会
建筑市场与招标投标研究分会
2017年12月15日

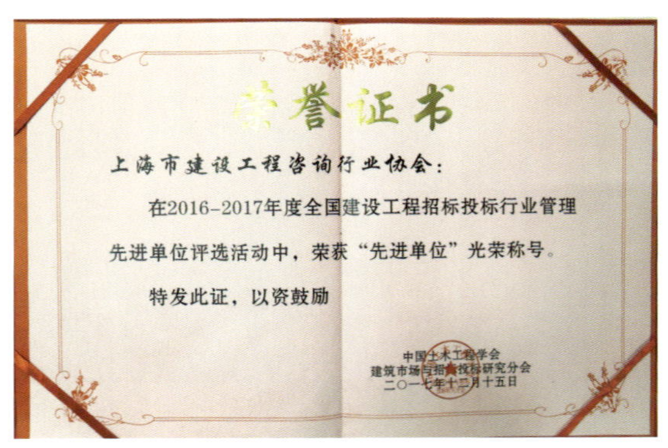
荣誉证书
上海市建设工程咨询行业协会：
在2016-2017年度全国建设工程招标投标行业管理先进单位评选活动中，荣获“先进单位”光荣称号。
特发此证，以资鼓励
中国土木工程学会
建筑市场与招标投标研究分会
二〇一七年十二月十五日

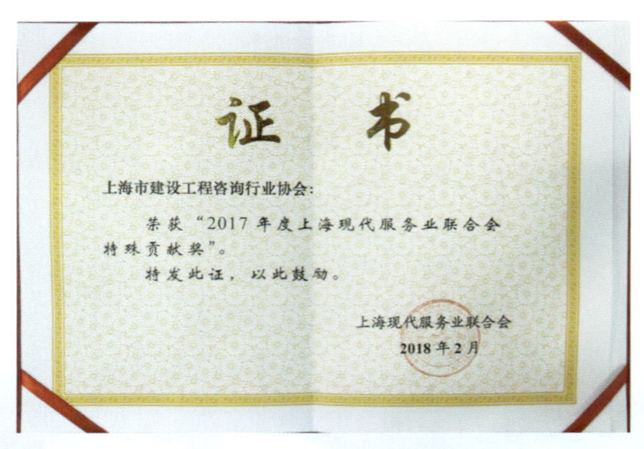
证　书
上海市建设工程咨询行业协会：
荣获“2017年度上海现代服务业联合会特殊贡献奖”。
特发此证，以此鼓励。
上海现代服务业联合会
2018年2月

己亥猪年 2019

中国建设监理协会
微信公众号

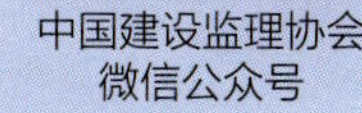

January 1

日 Sun	一 Mon	二 Tue	三 Wed	四 Thu	五 Fri	六 Sat
		1 元旦	2 廿七	3 廿八	4 廿九	5 小寒
6 初一	7 初二	8 初三	9 初四	10 初五	11 初六	12 初七
13 腊八节	14 初九	15 初十	16 十一	17 十二	18 十三	19 十四
20 大寒	21 十六	22 十七	23 十八	24 十九	25 二十	26 廿一
27 廿二	28 小年	29 廿四	30 廿五	31 廿六		

February 2

日 Sun	一 Mon	二 Tue	三 Wed	四 Thu	五 Fri	六 Sat
					1 廿七	2 廿八
3 廿九	4 除夕	5 春节	6 初二	7 初三	8 初四	9 初五
10 初六	11 初七	12 初八	13 初九	14 情人节	15 十一	16 十二
17 十三	18 十四	19 元宵节	20 十六	21 十七	22 十八	23 十九
24 二十	25 廿一	26 廿二	27 廿三	28 廿四		

March 3

日 Sun	一 Mon	二 Tue	三 Wed	四 Thu	五 Fri	六 Sat
					1 廿五	2 廿六
3 廿七	4 廿八	5 廿九	6 惊蛰	7 初一	8 妇女节	9 初三
10 初四	11 初五	12 植树节	13 初七	14 初八	15 初九	16 初十
17 十一	18 十二	19 十三	20 十四	21 春分	22 十六	23 十七
24/31 十八/廿五	25 十九	26 二十	27 廿一	28 廿二	29 廿三	30 廿四

April 4

日 Sun	一 Mon	二 Tue	三 Wed	四 Thu	五 Fri	六 Sat
	1 愚人节	2 廿七	3 廿八	4 廿九	5 清明	6 初二
7 初三	8 初四	9 初五	10 初六	11 初七	12 初八	13 初九
14 初十	15 十一	16 十二	17 十三	18 十四	19 十五	20 谷雨
21 十七	22 地球日	23 十九	24 二十	25 廿一	26 廿二	27 廿三
28 廿四	29 廿五	30 廿六				

May 5

日 Sun	一 Mon	二 Tue	三 Wed	四 Thu	五 Fri	六 Sat
			1 劳动节	2 廿八	3 廿九	4 五四青年节
5 初一	6 立夏	7 初三	8 初四	9 初五	10 初六	11 初七
12 母亲节	13 初九	14 初十	15 十一	16 十二	17 十三	18 博物馆日
19 十五	20 十六	21 小满	22 十八	23 十九	24 二十	25 廿一
26 廿二	27 廿三	28 廿四	29 廿五	30 廿六	31 廿七	

June 6

日 Sun	一 Mon	二 Tue	三 Wed	四 Thu	五 Fri	六 Sat
						1 儿童节
2 廿九	3 初一	4 初二	5 环境日	6 芒种	7 端午节	8 初六
9 初七	10 初八	11 初九	12 初十	13 十一	14 十二	15 十三
16 父亲节	17 十五	18 十六	19 十七	20 十八	21 夏至	22 二十
23/30 廿一/廿八	24 廿二	25 廿三	26 廿四	27 廿五	28 廿六	29 廿七

July 7

日 Sun	一 Mon	二 Tue	三 Wed	四 Thu	五 Fri	六 Sat
	1 建党节	2 三十	3 初一	4 初二	5 初三	6 初四
7 小暑	8 初六	9 初七	10 初八	11 初九	12 初十	13 十一
14 十二	15 十三	16 十四	17 十五	18 十六	19 十七	20 十八
21 十九	22 二十	23 大暑	24 廿二	25 廿三	26 廿四	27 廿五
28 廿六	29 廿七	30 廿八	31 廿九			

August 8

日 Sun	一 Mon	二 Tue	三 Wed	四 Thu	五 Fri	六 Sat
				1 建军节	2 初二	3 初三
4 初四	5 初五	6 初六	7 七夕	8 立秋	9 初九	10 初十
11 十一	12 十二	13 十三	14 十四	15 中元节	16 十六	17 十七
18 十八	19 十九	20 二十	21 廿一	22 廿二	23 处暑	24 廿四
25 廿五	26 廿六	27 廿七	28 廿八	29 廿九	30 初一	31 初二

September 9

日 Sun	一 Mon	二 Tue	三 Wed	四 Thu	五 Fri	六 Sat
1 初三	2 初四	3 抗战胜利日	4 初六	5 初七	6 初八	7 初九
8 白露	9 十一	10 教师节	11 十三	12 十四	13 中秋节	14 十六
15 十七	16 十八	17 十九	18 二十	19 廿一	20 廿二	21 廿三
22 廿四	23 秋分	24 廿六	25 廿七	26 廿八	27 廿九	28 三十
29 初一	30 初二					

October 10

日 Sun	一 Mon	二 Tue	三 Wed	四 Thu	五 Fri	六 Sat
		1 国庆节	2 初四	3 初五	4 初六	5 初七
6 初八	7 重阳节	8 寒露	9 十一	10 十二	11 十三	12 十四
13 十五	14 十六	15 十七	16 十八	17 十九	18 二十	19 廿一
20 廿二	21 廿三	22 廿四	23 廿五	24 霜降	25 廿七	26 廿八
27 廿九	28 寒衣节	29 初二	30 初三	31 初四		

November 11

日 Sun	一 Mon	二 Tue	三 Wed	四 Thu	五 Fri	六 Sat
					1 初五	2 初六
3 初七	4 初八	5 初九	6 初十	7 十一	8 立冬	9 十三
10 十四	11 下元节	12 十六	13 十七	14 十八	15 十九	16 二十
17 廿一	18 廿二	19 廿三	20 廿四	21 廿五	22 小雪	23 廿七
24 廿八	25 廿九	26 初一	27 初二	28 初三	29 初四	30 初五

December 12

日 Sun	一 Mon	二 Tue	三 Wed	四 Thu	五 Fri	六 Sat
1 艾滋病日	2 初七	3 初八	4 初九	5 初十	6 十一	7 大雪
8 十三	9 十四	10 十五	11 十六	12 十七	13 国家公祭日	14 十九
15 二十	16 廿一	17 廿二	18 廿三	19 廿四	20 廿五	21 廿六
22 冬至	23 廿八	24 平安夜	25 圣诞节	26 初一	27 初二	28 初三
29 初四	30 初五	31 初六				